Dieses Buch soll helfen, die Menschen zu überzeugen, dass auch ein Leben mit Handicap (nicht nur für einen Hund) lebenswert ist.

Es stellt offen und ehrlich den Gesamtkomplex des Zusammenlebens mit einem tauben Hund dar, bietet Lösungswege für die einzelnen Problematiken und zieht den Vergleich zum gesunden Tier.

Vor allen Dingen aber soll den Menschen vor Augen gehalten werden, dass es keinen Grund gibt, Tiere mit Handicap zu töten. Sie können ein durchaus glückliches Leben führen, wenn man sie nur lässt.

Vielmehr sollte überlegt werden, ob es wirklich nötig ist, ein so hohes züchterisches Risiko auf Kosten der Tiere einzugehen, nur um nach eigenen persönlichen Vorstellungen ein Tier zu „kreieren".

Wenn auch nur ein einziger tauber Hund aufgrund dieses Buches nicht getötet wird, hat es seinen Zweck erfüllt.

Im Dezember 2009

H.G. Reutlinger
Verhaltenstherapeutin für Tiere

G. Hinz
Oskars Besitzerin

Inhaltsverzeichnis

Vorwort	Seite 1
Einführung	Seite 3
Lebensphasen	Seite 9
Oskars Vorgeschichte	Seite 15
Ein neues Leben	Seite 20
Gefühlsausbrüche	Seite 25
Stubenreinheitsregeln	Seite 30
Beißhemmung gegenüber Menschen	Seite 32
Beutetrieb	Seite 36
Alleinsein	Seite 40
Grunderziehung	Seite 43
Ausbildung auf Handzeichen	Seite 48
Handzeichen „Sitz"	Seite 50
Handzeichen „Platz"	Seite 54
Handzeichen „Bleib"	Seite 56
Handzeichen „Komm"	Seite 58
Kommunikation Mensch	
Elektronik	Seite 63
Leinenführigkeit	Seite 75
Kommando „Aus"	Seite 78
Trennungsangst	Seite 83
Kommunikation Artgenossen	Seite 85
Ausbildung Beißhemmung	
für Hunde ohne Handicap	Seite 90
Gewöhnung an artfremde Tiere	Seite 95
Ausbildung zum Co-Therapeuten	Seite 97
Schlussgedanken	Seite 100

Herstellung und Verlag:
Books on Demand GmbH, Norderstedt
ISBN 978-3-8391-1673-9

Eine Einführung in die Problematik

Grundsätzlich unterscheidet man drei Formen der Taubheit:

- die durch äußere Einwirkung entstandene Taubheit
- die altersbedingte Taubheit
- die angeborene Taubheit

zu 1)
Der durch äußere Einwirkung entstehenden Taubheit liegen exogene Einflüsse (Infektionen, z. B. Otitis), Tumore, Frakturen u.a. zugrunde.

Diese Form der Taubheit ist vielfach unvollständig oder temporär begrenzt und kann oftmals durch entsprechende Behandlung der Ursache behoben oder zumindest gemildert werden.

Zu 2)
Die altersbedingte Taubheit ist mit der altersbedingten Taubheit bei Menschen zu vergleichen.
Der Verlauf ist meist schleichend; Hund und Besitzer arrangieren sich aufgrund ihrer Zusammengehörigkeit.

Die größte Einschränkung besteht hier darin, daß ein bisher eventuell freilaufender Hund aufgrund bestehender und von ihm nicht wahrgenommener Gefahren – wie bei der Altersblindheit – nicht mehr frei laufen kann.

Zu 3)
Die angeborene (kongenitiale) Taubheit ist bei vielen Hunderassen (Bullterrier, Englisch Cocker, American Cocker, Englisch Setter, Dogo Argentino, Australian Shepherd u.a.) bekannt.

Die höchste Taubheitsinzidenz kongenitialer Taubheit gibt es jedoch bei Dalmatinern.

Seit mehr als 20 Jahren werden Daten bezüglich der angeborenen Taubheit gesammelt und ausgewertet.

Diese Studien unterscheiden zusätzlich noch die

- einseitige und
- der zweiseitigen (vollständigen) Taubheit.

Ein Zusammenhang zwischen „Fellfärbung" und Taubheit ist augenscheinlich, wird jedoch immer noch von vielen Zuchtverbänden in Frage gestellt.

Die Studie von Juraschko aus dem Jahre 2000 beinhaltet Untersuchungen von Dalmatinern über einen Zeitraum von 13 Jahre.

Sie schließt ab mit einem Wert von **19,7 %** von angeborener Taubheit betroffener Dalmatiner, wovon ca. 2/3 einseitig und 1/3 beidseitig taub waren.

Parallel hierzu durchgeführte Studien in Amerika und England ergaben eine noch höhere Anzahl von Taubheit betroffener Dalmatiner.

Identisch war bei allen Untersuchungen der Unterschied zwischen ein- und zweiseitiger (vollständiger) Taubheit.

Aufgrund dieser extremen Häufigkeit auftretender Taubheit ist nach dem F.C.I. Rassestandard Taubheit ein zuchtausschließender Fehler.

Trotzdem hat sich die Zahl der ein- oder zweiseitig taub geborenen Dalmatiner nicht wesentlich verringert.

Neueste Untersuchungen – in Zusammenarbeit mit dem Zuchtverband – suchen nach Möglichkeiten, diese Problematik – soweit möglich – durch Genuntersuchungen und Auswahl und Ausschluss bestimmter Merkmale einzugrenzen.

Ziel der Forschung ist die Entwicklung eines molekulargenetischen Testverfahrens.

Positiv zu erwähnen bei der Gesamtproblematik ist die Bereitschaft des Dalmatiner-Zuchtverbandes, durch Offenheit und Darlegung der Zuchtdaten an der Behebung der Problematik mitzuwirken.

Nur durch die Offenlegung der Problematik waren die Studien und Untersuchungen durchzuführen.

Der Großteil des Wissens über die sensorineurale Taubheit ist dieser Studie zu verdanken.

Gesunde Welpen hören ungefähr ab dem 16. Lebenstag, sobald sich der Gehörgang geöffnet hat.

Daher werden bei gefährdeten Rassen – wie z.B. der Dalmatiner – werden die Welpen in der 5. Woche audiometrisch untersucht.

Bei dieser Untersuchung kann das Gehör verlässlich und auf seine Funktion hin geprüft werden. Bei dieser Untersuchung werden die Hunde leicht narkotisiert. Ganz feine Nadelelektroden werden unter die Haut an die Schädeloberfläche geschoben und hierdurch „Laute" dem Hund verabreicht. Durch Computerauswertung wird ein Audiogramm erstellt.

Der Test selbst dauert nur ein paar Minuten und schließt mit einem sicheren Ergebnis ab.
Fragliche Resultate sind äußerst selten; die Untersuchung wird dann zu einem späteren Zeitpunkt wiederholt.

Negatives Resultat dieser Untersuchung ist leider, dass beidseitig taube Hunde meist eingeschläfert werden, da ein Verkauf nahezu ausgeschlossen ist.

Eine Behandlung der „angeborenen" Taubheit bei Hunden ist zurzeit noch nicht möglich.

Hörgeräte und andere Hilfsmittel für Hunde befinden sich noch im Entwicklungsstadium, sind jedoch bei der angeborenen Taubheit nicht einsetzbar.

Dies hindert jedoch niemanden daran, taub geborene Hunde mit Handzeichen und evtl. zusätzlich mit technischen Hilfsmitteln zu trainieren und ihnen so ein glückliches Leben zu ermöglichen.

Die körperliche Leistungsfähigkeit und die sozialen Fähigkeiten eines taub geborenen Hundes sind keinesfalls so reduziert, dass die Lebensqualität – sprich artgerechte Haltung - eines taub geborenen Hundes nicht möglich wäre – eingeschränkt wird sie nur durch einen nicht ausreichend motivierten Besitzer.

Die Einschränkung der Kommunikation durch die Taubheit fordert lediglich den Besitzer, Dieser ist in seiner Funktion als „Rudelführer" stärker gefordert als ein „normaler" Hundebesitzer.

Da aber bei tauben Hunden häufig die anderen Sinnesorgane stärker ausgeprägt sind, können diese die Wahrnehmung ergänzen und somit sein Handicap ausgleichen.

Wichtig ist, daß Besitzer von taub geborenen Hunden sämtliche Aspekte beachten, in denen sich ein taub geborener Hund von hörenden Hunden unterscheidet.

Erst, wenn man alle Punkte beachtet, kann ein „normales" Zusammenleben ohne Gefährdung des tauben Hundes funktionieren.

Die Taubheit ist eine Beeinträchtigung, die dazu führen sollte, daß ein intensiveres Zusammenleben mit dem Hund erfolgt und Eigenschaften, Eigenheiten und Talente des tauben Hundes derart gefördert werden, dass sich die Einschränkung durch die Taubheit auf ein Minimum reduziert.

Die Übernahme von „Handzeichen" anstatt des gesprochenen Wortes ist nur ein kleiner Teilbereich.

Zur allgemeinen Erklärung hier die verschiedenen Lebensphasen und deren Bedeutung im Verhalten eines Hundes:

Mit der Geburt wird die **Neonatale Phase /vegetative Phase** eingeleitet.

> ➢ Die Welpen werden blind und taub geboren.
> ➢ Die Entwicklung von Tast- und Geruchssinn erfolgt in den ersten 3 Tagen.
> ➢ Eine Umweltwahrnehmung findet folglich nicht statt.

Während dieser Phase können wir bereits die ersten Verhaltensmuster erkennen, es handelt sich hierbei um **angeborene Verhaltensweisen,** sie werden zwar im Laufe der Entwicklung von der Umwelt mitgeprägt, sind aber genetisch festgelegt.

> ➢ Unbedingte Reflexe: z. B.: Pupillenreflex, Speichelreflex, Saugreflex
> ➢ Automatismen: Körper- und Gliedmaßenbewegungen
> ➢ Instinktverhalten: Ernährung, Fortpflanzung

Das **beobachtbare** Verhaltensinventar in dieser Phase besteht aus:

- Strampeln
- Maulöffnen
- Lautbildung
- Kreiskriechen
- Suchpendeln des Kopfes
- Fellbohren
- Lecksaugen
- Milchtritt
- Es sind fast keine Umweltreize wahrnehmbar

Mit der

Übergangsphase /transitionale Phase

beginnt auch die Umweltwahrnehmung:

> ➢ Ausbildung der Riechleistung
>
> ➢ Öffnen der Augen und Ohren zwischen dem 9. und dem 15. Tag
>
> ➢ Seh- und Hörfähigkeit entwickeln sich zwischen dem 17. und 21.Tag
>
> ➢ Dadurch bedingt: erster Umweltbezug
>
> ➢ Erkennen von Mutter und Geschwistern und - je nach Intensität des Kontaktes – Kennen lernen von Menschen
>
> ➢ Fortbewegung: gezieltes Kriechlaufen

Während der

Prägungsphase

in der 4. – 7. Lebenswoche werden die Grundlagen weiter verfeinert.

> ➢ So reift bereits jetzt für den Betrachter das arteigene Bewegungs- und Ausdrucksverhalten heran.
>
> ➢ Die Sinnesorgane sind nun voll entwickelt
>
> ➢ Die Milchzähne brechen durch
>
> ➢ Am Ende dieser Periode wird bereits feste Nahrung aufgenommen und die Aufnahme von Muttermilch reduziert.
>
> ➢ Bereits am Anfang der Prägungsphase wird bereits das Lager verlassen – zumindest unternehmen die Welpen den Versuch. Die Welpen erkunden die nähere Lagerumgebung, haben allerdings noch eine starke Heimbindung.
>
> ➢ Die nun aufkeimende Neugierde und der lebensnotwendige Lerntrieb prägt die Welpen **emotionsfrei** (wenn dazu Gelegenheit gegeben wird) auf Artgenossen und Menschen – **falls diese sich jetzt bereits ausgiebig mit ihnen beschäftigen** und die zukünftige Umgebung und deren Reize: Verkehrsmittel, verschiedene Menschen, artfremde Tiere etc.

Im Anschluss hieran erfolgt die

Sozialisierungsphase,

in der das Erlernte vertieft und ein neuer Lebensabschnitt beginnt.

> ➤ Die weitere Umgebung wird erkundet (meist ist es für die Welpen eine komplett neue, fremde Umgebung, ohne die Sicherheit der Familie und des Lagers)
>
> ➤ Erziehung und Weiterentwicklung des Sozialverhaltens durch ältere Rudelmitglieder und durch Geschwister entfällt und sollte durch den Menschen, bzw. eine **ordentlich geführte**, möglichst **oft besuchte** Welpenspielgruppe aufgefangen werden.
>
> ➤ Erhaltung der wertfreien Reaktion auf bereits erworbene Erfahrungen auch in Verbindung mit emotionalen Reizen.

Die

juvenile Phase

beinhaltet folgende Schwerpunkte:

Rangordnungsphase:

Lösung von Eltern und Heim

Weiteres Erkunden der Umgebung

Spielerisches Austragen der Rangordnung unter den Geschwistern

---

Zurück zu Oskar:

Als Oskars Züchter feststellte, dass der kleine Welpe taub war, wurde er kurzerhand an einen Hundehändler abgegeben.

Dies ist noch die „humanste" Art, sich eines tauben Welpen zu entledigen, normalerweise werden diese kurzerhand „entsorgt".

Denn trotz aller Aufklärung über die Vererblichkeit der Taubheit ignorieren einige skrupellose und geldgierige Züchter diese Tatsache weiter und verschweigen (oder töten) lieber einen tauben Welpen, als dass sie die Elterntiere aus der Zucht nehmen, wie es zwischenzeitlich z.B. bei Dalmatinerzüchtern, die dem

Zuchtverband angeschlossen sind, üblich ist und auch von den Zuchtverbänden gefordert wird.
Dass diesem Problem nur durch Selektion beizukommen ist, interessiert die skrupellosen Züchter nicht und leider züchten diese Menschen nur dass, was die Kunden haben wollen.

Oskar hatte das Glück, dass sein Züchter sich wenigstens eine kleine Aufwandsentschädigung für seine „züchterische Arbeit" verdienen wollte, also wurde er – nach Feststellen der Taubheit, wahrscheinlich bereits mit 5 Wochen - an einen Hundehändler abgegeben.

Ein „normaler" Welpenkäufer hätte natürlich bei Bemerken der Taubheit nicht verschwiegen, wo er diesen tauben Welpen erworben hatte und den Züchter somit in „Verruf" gebracht, indem er seinen Kaufpreis zurückfordert und dem Zuchtverband benachrichtigt.

Oskar landete also bei einem Hundehändler, der natürlich versuchte, ihn zu verkaufen.

Der Welpe wurde aber **dreimal!** (aufgrund seiner Taubheit) von den Käufern zurückgebracht, bis ihn dann die Mitarbeiterin eines Tierheimes übernommen hatte.

Den drei „Erwerbern" des kleinen Hundes wurde seine Taubheit verschwiegen, für einen „Tierlaien" ist die Taubheit nicht zwangsläufig innerhalb von Tagen feststellbar.

Feststellen konnten die Interessenten allerdings, dass der Hundewelpe auf bestimmte Situationen aggressiv und auf herkömmliche Erziehungsversuche nicht reagierte.

Die meisten Interessenten, die einen Hund bei einem „Hundehändler" erwerben, haben sich vorher nicht sachkundig gemacht.

Hundehändler sind keine seriösen Züchter, die befriedigende Auskunft über Rasse, Eigenarten und Herkunft machen können. Sie handeln mit „Ware" und in diesem Falle ist die Ware ein Hund. Die Eltern der Welpen bekommt man im Normalfall nicht zu Gesicht.

Sollten sich daher jemand für eine bestimmte Hunderasse interessieren, ist es ratsam, sich an einen seriösen Züchter, den man über die jeweiligen Zuchtverbände ermitteln kann, zu wenden oder an die verschiedenen Tierschutzorganisationen, auch hier kann man durchaus den passenden Welpen finden.

Natürlich kann man sich fragen, warum ein Interessent vor einem tauben Hund zurückschreckt und ein Züchter einen Hund mit einem Handicap nicht verkaufen kann.

Wenn man sich aber den enormen Arbeitsaufwand und die Verantwortung vor Augen hält, die sich durch die Taubheit ergeben, muss man jedem Menschen die Entscheidung selbst überlassen, ob er die Zeit, die Möglichkeit und das Interesse hat, sich intensiv einer solchen Aufgabe zu widmen.

Außerdem ist bei extrem hohen Welpenpreisen (Franz. Bulldoggen Welpen liegen je nach Abstammung ab ca. 1.000.- Euro) verständlich, dass die Käufer Wert auf ein gesundes Tier legen.

Selbstverständlich kann man einen tauben Hund mehr oder weniger „nebenher" laufen lassen, d. h. die Kommunikation zwischen Halter und Hund wird auf ein Minimum beschränkt.

Zwangsläufig werden aber dadurch bestimmte Aktivitäten ausgeklammert, bzw. wird nicht auf die Problematik eingegangen, so dass dem Hund die Möglichkeit genommen wird, sich entsprechend seinem Handicap mit einer Situation auseinanderzusetzen.

Der Hund ist dadurch zwangsläufig der Leidtragende, fehlt es doch an körperlicher und geistiger Herausforderung und der daraus resultierenden Lebensfreude für den Hund.

Ein Hund wird sich natürlich auch mit einer reizarmen Umgebung arrangieren, glücklicher wird er aber auf jeden Fall nur dann, wenn er intensiv gefördert und beschäftigt wird.
Hilfreich ist auf jeden Fall das Vorhandensein eines sozial gut verträglichen Zweithundes, an dem sich der taube Hund orientieren kann. Allerdings reicht dessen Anwesenheit im Allgemeinen nicht aus, um die Defizite zu beheben, die sich zwangsläufig aus einer Taubheit ergeben.
Hundehalter, deren Tier an Alterstaubheit leidet, nehmen die zwangsläufig entstehenden Einschränkungen durch den schleichenden Prozess nicht wahr.
Die Alterstaubheit weist aber gravierende Unterschiede zu der vererbten Variante auf. Hunde, die spät ertauben, haben genügend Lebenserfahrung sammeln können, um später mit dem Wegfall eines Sinnesorganes zu recht zu kommen, während taub geborene Hunde dies erst erlernen müssen.

Die Mitarbeiterin des Tierheimes, die Oskar von dem Hundehändler übernommen hatte, war sich der Problematik eines tauben Hundes bewusst.

Obwohl sie selbst mehrere Hunde hatte, fehlten ihr jedoch Zeit, aber auch die entsprechende erforderliche Kenntnis, sich intensiv mit dem Kleinen zu beschäftigen.

Ihr ging es aus Tierschutzgründen darum, den Kleinen vor einer Euthanasie zu schützen.

Um ihm einen möglichst optimalen Start in ein neues Zuhause zu geben, wandte sich die Tierschützerin an mich, mit der Bitte, Oskar auf sein zukünftiges Leben und eine Vermittlung vorzubereiten.

Die Geschichte über das Leben von Oskar, seine körperliche und geistige Entwicklung, seine Erziehung und schlussendlich Ausbildung zum Co-Therapeuten und Fernsehhund sollen aufzeigen, wie sich eine Taubheit und die dazugehörende Problematik darstellt und zeigt, dass auch ein tauber Hund ein (fast) normales Leben führen kann.

Die bei Oskar anfangs aufgetretenen Verhaltensauffälligkeiten sind eher untypisch für einen tauben Hund, sie sind vielmehr das Resultat der fehlerhaften Aufzucht in den ersten Wochen zurückzuführen.

Oskar kam im zarten Alter von ca. 10 Wochen zu uns.

Man beachte, dass Oskar bis dato von seinem Züchter (mit ca. 5 Wochen, viel zu früh von Mutter und Geschwistern getrennt) an den Hundehändler abgegeben wurde, danach bei 3 verschiedenen potentiellen Käufern und zuletzt bei der Mitarbeiterin des Tierheimes gelandet war.

Demzufolge musste sich der Welpe ab der fünften Lebenswoche rein rechnerisch **wöchentlich!** auf neue Menschen und neue Umgebungen einstellen.
Selbst ein erwachsener Hund würde dies nicht unbeschadet überstehen.

Dies alles geschah in einer Lebensphase, die ein Welpe normalerweise in einer geborgenen Umgebung mit seiner Mutter, den Wurfgeschwistern und ausgewählten Bezugspersonen verbringt.

Wie sehr seine Seele unter diesen Umständen gelitten hatte, konnten wir zu diesem Zeitpunkt nur erahnen.

Der Kleine hatte unzählige Verletzungen von Streitigkeiten mit Artgenossen an seinem Körper. Diese stammten noch aus der Zeit, als er mit anderen Hunden bei dem Hundehändler untergebracht war.

„Welpenschutz" kann sich ohne Muttertier und bei den wahllos zusammengesetzten Hunden in den Zwingern eines Hundehändlers kaum entwickeln.

So eckte der Kleine durch seine unbeholfene Art natürlich überall an und - da er auf ein warnendes Knurren nicht reagierte - wurde er verständlicherweise entsprechend unsanft von den anderen Hunden zurechtgewiesen.

Verständlicherweise versuchte er bei allem, was Fell hatte, Anschluss zu finden.

Durch seine Taubheit bedingt, war er aber nicht in der Lage, vernünftig mit seinen Artgenossen zu kommunizieren.

Die Kommunikation mit Artgenossen und Menschen, aber auch mit anderen Tieren war eine unserer Hauptaufgaben bei der Ausbildung von Oskar.

Selbstverständlich ließen wir trotz des eindeutigen Befundes durch eine audiometrische Untersuchung abklären, ob tatsächlich eine beidseitige, vollständige Taubheit vorlag.

Leider ließ die Untersuchung keinen Zweifel aufkommen: Oskar war und wird taub bleiben.

Ansonsten befand er sich in einem guten, seinem Alter entsprechenden körperlichen Entwicklungszustand.

Bereits vom ersten Tag an wurde besonderen Wert auf die Ausbildung seines Gleichgewichtssinnes gelegt.

Die bedeutet für Oskar, dass er seinen eigenen Welpen - Agility - Parcours bekam.

„Kindgerecht" und auf seine Größe (z. B. Maximalhöhe der Hindernisse: 10 cm) abgestimmt, bastelten wir einen vielseitigen Parcours, dessen Erstbesichtigung durch Oskar von Pro 7 aufgenommen wurde.

Nicht nur das Fernsehteam war absolut begeistert von Oskar:

Oskar fand alle Hindernisse (Wippe, Rascheltunnel, Brücke, Reifen etc.) absolut klasse und konnte es kaum erwarten, seine - auf sein Gleichgewichtsorgan abgestimmten Übungen - zu absolvieren.

Intuitiv eroberte er sich nach einander die verschiedenen Hindernisse, sein unbekümmertes Welpenseelchen kam endlich zum Vorschein, als er vor lauter Freude nicht wusste, mit welchem Hindernis er beginnen sollte.

Wir überließen ihm die Wahl und erfreuten uns einfach nur an seiner drolligen Art.

Erstaunlicherweise war bei keinem der Hindernisse auch nur die kleinste Unsicherheit, geschweige denn Angst vor Neuem zu erkennen, Hilfestellungen waren kaum nötig.

Altersgemäß hätte hier bereits sein Adrenalinspiegel zumindest vor der großen Fernsehkamera Alarm schlagen müssen.

Dem war aber nicht so.
Er „strahlte" förmlich nach jedem Hindernis in die Kamera, so dass der Kameramann teilweise die Kamera vor Lachen nicht mehr halten konnte.
„Das wird einmal ein Fernsehstar", waren seine amüsierten Worte.

Die Kamera nebst dem Kameramann sind bis heute seine besten Freunde geblieben...

Regelmäßig darf Oskar auch heute noch Agility betreiben.
Einfach nur „Just for fun" und zur Stabilisierung seines Gleichgewichtes.
Ohne Stress und dem Druck eines ehrgeizigen Besitzers ist Agility ein Traum für jeden Hund, bei dem sowohl Körper als auch Geist gefördert werden.

Als es die Jahreszeit zuließ, bekam Oskar sein eigenes kleines Planschbecken zur freien Verfügung, mittlerweile schwimmt er perfekt und ist eine kleine Wasserratte geworden.

Es wurde natürlich darauf geachtet, dass sich anfangs immer nur wenig Wasser im Becken befand, damit er sich langsam an das „Nass" gewöhnen konnte.

Selbstverständlich war das Wasser entsprechend der Umgebungstemperatur erwärmt, da Welpen bei zu langem Aufenthalt im kalten Wasser gerne mit einer Blasenentzündung reagieren.

Nach wenigen Tagen der Eingewöhnungszeit (einschließlich Einstiegshilfe - der Kleine konnte schließlich nicht über den Beckenrand sehen) konnten wir die Haustüre nicht mehr auflassen – Oskar rannte geradewegs in den Garten, um mit einem mächtigen Sprung in der Mitte des Beckens zu landen und nach den im Becken befindlichen Bällen zu tauchen!

„Wasserstrahl fangen" eines der beliebtesten Wasserspiele von Oskar

Anders als seine körperliche, hatte seine geistige und mentale Entwicklung sehr unter den bisherigen Lebensumständen gelitten.

Besonders auffällig waren seine extremen Wutanfälle, die sich – für den außenstehenden Betrachter – ohne ersichtlichen Grund entluden.

Meinem Erachten nach resultierten sie aus den extrem belastenden Lebensumständen, denen Oskar seit seiner Geburt ausgesetzt war.

Die viel zu frühe Trennung von Mutter und Geschwistern, die wechselnden „Besitzer" mit dem dazugehörigen Umfeld und die dazwischen liegenden Aufenthalte bei dem Hundehändler, welche beinhalteten, dass der Kleine mit anderen Hunden gemeinsam in Räumlichkeiten untergebracht wurde, die für sein – in ihren Augen – fehlerhaftes Verhalten kein Verständnis hatten und ihn entsprechend zur Recht wiesen.
Seine Schrammen und Verletzungen am Kopf zeugten von solchen Auseinandersetzungen.

In dieser Zeit gab es für den Kleinen wohl kaum positive Kontakte mit Menschen:
wenn er z. B. hochgehoben wurde, war dies meist mit dem Umzug in eine weitere fremde Umgebung verbunden, an die sich zu gewöhnen nicht viel Zeit blieb, bis er wieder zurückgegeben wurde.

> Hier muss man sich wirklich nochmals den Leidensweg des Hundewelpen vor Augen halten:
>
> Die ersten zuverlässigen Ergebnisse über die Taubheit eines Welpen lassen sich erst mit 5 Wochen ermitteln.
>
> Mit 10 Wochen kam Oskar zu uns, dazwischen lagen die Aufenthalte bei dem Hundehändler, 3 Interessenten und der Mitarbeiterin des Tierheimes.
>
> **Was für eine Odyssee im Leben eines Hundebabys!**

Wir versuchten zu analysieren, welche Schlüsselsituationen seine heftigen Reaktionen verursachten, um der Problematik durch entsprechende Desensibilisierungsmaßnahmen, bzw. Gegenkonditionierung entgegenwirken konnten

Wenn er sehen konnte, dass ihn jemand festhalten wollte, konnte es passieren, dass er direkt zuschnappte, um sich den Händen zu entziehen.

Das Hochheben ohne direkten Augenkontakt löste bei ihm eine derartige Panik aus, dass er wie wild um sich biss.

Besorgniserregend war zudem, wenn er – bereits im Arm gehalten - plötzlich wie wild zappelte und um sich biss. Hier fehlte wirklich jegliche Erklärung für sein Verhalten.

Man konnte nur erahnen, was der Kleine alles erdulden musste, dass er nur noch den Ausweg sah, sich beißend zu verteidigen.

Dank der noch kleinen Milchzähnchen musste man sich aber nicht wirklich Gedanken um Verletzungen machen, schmerzhaft waren diese Situationen dennoch.

Ebenso verhielt er sich, wenn er einen Gegenstand besonders interessant fand und ihn nicht mehr abgeben wollte. Das kleine Fellknäuel mit seinen 2,4 Kilogramm Körpergewicht verteidigte dann seine Beute mit allem, was ihm zur Verfügung stand. Dies war ein Verhalten, das absolut nicht altersgemäß war.

Um die Problematik beim Hochheben von Oskar in den Griff zu bekommen, wurde Oskar bei jeder nur möglichen Begegnung (selbst wenn der Kleine schlief) von uns zärtlich berührt.

Nach 2-3 Tagen und Nächten und unzähligen Streicheleinheiten waren diese Berührungen eine Selbstverständlichkeit für Oskar geworden, so dass sein Misstrauen in Berührungen langsam verschwand.

Hochgehoben wurde Oskar grundsätzlich nur noch von vorn mit direktem Augenkontakt. Jede Bewegung wurde langsam und für den Kleinen nachvollziehbar durchgeführt.

Da er verständlicherweise noch nicht stubenrein war, wurde er **allein für die Pippi-Gänge** (an Treppenlaufen war in diesem Alter noch nicht zu denken) durchschnittlich **10-12mal pro Tag hochgehoben**.

Des Weiteren wurde besonderen Wert auf Kuscheleinheiten auf dem Arm gelegt.

Obwohl er bereits an festes Futter gewohnt war, boten wir ihm eine Flasche mit Welpenmilch an, um ihm über das Nuckeln an der Flasche ein Geborgenheitsgefühl zu vermitteln.

Feste Nahrung wurde fast nur aus der Hand gefüttert, um auch hier das Zusammengehörigkeitsgefühl zu stärken.

Wir nutzten jede Möglichkeit, den Kleinen mit uns „rumzuschleppen", um ihm die Geborgenheit zu vermitteln, auf die er die letzten Wochen verzichten musste.

Innerhalb weniger Tage wurden die Wutanfälle immer weniger, er machte einen wesentlich ruhigeren Eindruck, nach ca. 14 Tagen tauchten keine derartigen Zwischenfälle mehr auf.

Ein besonders erfreulicher Nebeneffekt dieser „Hochhebe-Übungen" war, dass Oskar innerhalb kürzester Zeit noch vor Erreichen des eigentlichen Welpen-Abgabealters stubenrein wurde.

War er erst mal auf dem Arm, durfte er natürlich auch für das „Artigsein" etwas Schönes erleben, also trugen wir ihn in seinen geliebten Garten.

Er **lernte** automatisch **durch Gewöhnung**, wo er sich zu lösen hatte und wo nicht.
So wurde es selbstverständlich für ihn, sich auf einem Stück Wiese zu lösen, da er immer dort abgesetzt wurde, um sein Geschäftchen zu verrichten.

Demzufolge sucht er sich auch noch als erwachsener Hund einen Grünstreifen und beschmutzt keine Gehwege.

Kam es dennoch zum Malheur und Oskar löste sich in der Wohnung, lag es einfach nur daran, dass wir die Zeit über die Arbeit vergessen hatten und nicht auf seine anfangs nicht eindeutigen Hinweise geachtet hatten.

Dies war aber nichts, was wir Oskar ankreiden wollten oder konnten. Er hatte begriffen, dass das Lösen draußen erfolgen sollte, musste aber erst lernen, wie er uns vermitteln konnte, dass er raus wollte.

Nach kürzester Zeit verstand er, dass er sich nur an die Haustür stellen musste, um nach draußen zu dürfen.

Stubenreinheitsregeln
(auch für Welpen ohne Handicap)

1. und wichtigste! Regel:
   einzig und allein die betreuende Person ist dafür verantwortlich, wie schnell und zuverlässig ein Welpe „sauber" wird.

2. Achten Sie auf eine **ruhige** und **geschützte Umgebung**, die es dem Welpen erleichtert, sich auf das „Wesentliche" zu konzentrieren.

   Welpen, die sich erst dann lösen, wenn sie die Wohnung nach dem Rausgehen betreten, kommen oftmals mit der Reizüberflutung durch die Außenwelt nicht zurecht, und werden so am Urin- und Kotabsatz gehindert.

3. Beachten Sie bitte, dass ein Welpe nach **jedem!**
   - Fressen
   - Spielen
   - Schlafen

   möglichst rasch die Gelegenheit haben muss, sich zu lösen.

4. Setzen Sie den Welpen morgens, möglichst noch bevor er richtig wach wird, nach draußen an die gewünschte „Lösestelle".

   Viele Malheure am Anfang des Tages geschehen einfach nur, weil die Besitzer den Pippigang zu lange rauszögern und dadurch den Zeitpunkt verpassen.

5. Suchen Sie immer einen geeigneten Untergrund aus:
   eine Rasenfläche oder ein Gebüsch. Nach wenigen Wochen wird sich der Welpe automatisch diesen Untergrund zum Lösen suchen.

Wenn diese Regeln eingehalten wird, schaffen Sie es automatisch, Ihren Welpen an einen bestimmten Rhythmus und die gewünschte Örtlichkeit **zu gewöhnen.**

Als Rechenbeispiel die Übungseinheiten eines 10 Wochen alten Welpen:

Mahlzeiten	5
mindestens Schlafphasen tagsüber	3
Schlafphase nachts	1
mindestens Spieleinheiten	4

ergibt **ohne** Spaziergänge   13 Gänge zur Lösungsstelle

Mit zunehmendem Alter reduzieren sich o. g. Punkte und der Welpe stellt sich automatisch auf längere Zwischenzeiten ein.

Die Eigenheit von Oskar, bereits mit 10 Wochen seine Konflikte vehement nur mit den Zähnen auszutragen, war das auch Resultat seiner frühen Entwöhnung von Mutter und Wurfgeschwistern.
Hier fehlten Oskar die lebensweisenden Erfahrungen mit den Geschwistern und der angemessenen Erziehung seiner Mutter.
Ihm mangelte es durch die Trennung nicht nur an Konflikten, sondern daraus resultierend – auch an Konfliktlösungen.
Im Idealfall lernen die Welpen im Spiel, Dinge und Gegenstände zu entdecken und sich auseinanderzusetzen.
Eine wichtige Rolle spielt hierbei die Entwicklung der Beißhemmung, die keinesfalls angeboren, sondern erlernt ist.
Diese Erfahrungen fehlten Oskar vollständig und mussten ihm in mühevoller Kleinarbeit mit Artgenossen, aber auch in Bezug auf Menschen nahe gelegt werden.

Beißhemmung Menschen gegenüber

Wenn einem Welpen wichtige Verhaltensmuster fehlen, weil er entschieden zu früh von Mutter und Wurfgeschwistern getrennt wurde, ist dies zwar problematisch, die Erfahrungen sind aber durchaus wieder bei entsprechender fachkundiger Anleitung nachzuholen.
Wenn ein Welpe aber zusätzlich noch ein Handicap wie Taubheit hat, ist diese Problematik allerdings um ein Vielfaches größer.
Oskar musste sich mit beiden Lebensumständen auseinandersetzen.
Dass er bei Situationen, die ihn ängstigten (z. B. das Hochheben) um sich biss, war die eine Sache.
Das andere war seine fehlende Beißhemmung im Spiel und in Alltagssituationen Menschen gegenüber.

Viele Welpen kauen leidenschaftlich auf Händen herum oder werden im Spiel zu grob.
Entgegen der Meinung vieler meiner Kollegen sind bei mir Menschenhände für Hunde nicht tabu.

Ich plädiere vielmehr für ein „weiches Maul" und das wiederum kann ein Hund nur dann erlernen, wenn ihm gezeigt wird, wie man zart mit Menschenhaut umgeht.
Besonders im Umgang mit Kindern ist dies wichtig, da es immer vorkommen kann, dass ein Kind im Spiel seine Hand in das Maul des Hundes steckt.
In diesem Fall muss der Hund ganz zart mit der Hand umgehen, er darf sich weder erschrecken über die ungewohnte Situation, noch darf er die Hand in seinem Maul als Spielaufforderung auffassen und darauf „rumkauen".
Dies ist im Allgemeinen bei einem hörenden Hund kein Problem.

Bei ihm kann man durch die entsprechende Stimmungslage und ein Signalwort zur Beendigung der Situation hervorragend arbeiten.

D. h. wenn der Welpe einen zwickt, kommt ein „Autsch" und das Spiel wird sofort unterbrochen. In besonders hartnäckigen Fällen (wenn der Hund einem hinterher rennt und die Unterbrechung nicht akzeptiert) kann man auch mal **nachdem** man gezwickt wurde, „zurückzwicken", damit der Hund versteht, dass unser „Autsch" kommentiert, dass uns das Zwicken weh tut, und dass die Missachtung dieses „Hinweises" die Beendigung des gemeinsamen Spieles beinhaltet.

Das Hilfsmittel Stimme entfällt beim tauben Hund aber völlig, zudem war Oskar in Bezug auf seine Beißhemmung ein besonders extremer Fall.

Da er keinerlei Erfahrungen im Spiel mit Menschen hatte, war er sehr grob, auch seine Begrüßungsrituale waren für die entzückten Besucher alles andere als angenehm.

Kaum hatten sie die Hände zum liebkosen ausgestreckt, wurden sie bereits wild von Oskar attackiert. Er fand Hände einfach nur „zum reinbeißen".
Die Schreie der Gepeinigten wie: „Au", „Nein", „laß dass" prallten an Oskars Ohren ab.

Bei uns war das Problem innerhalb weniger Tage behoben:
Jedes Mal wenn Oskar beim Spiel oder bei der Begrüßung grob wurde, schob ich eine seiner Lippen zwischen die Zähne und meine Finger (bei der mit viel Haut ausgestatteten Schnute von Oskar war dies kein

Problem). So lernte er relativ rasch, dass es wehtat, wenn er sich nicht mehr unter Kontrolle hatte.

Mir war es besonders wichtig, dass die **Verhältnismäßigkeit** zwischen **Fehlverhalten** und **Korrektur** gewahrt wurde:

Dies ist bei dieser Methode auf jeden Fall gegeben. Beißt der Welpe schwach zu, spürt er seine Zähnchen auch nur leicht auf der Lippe, beißt er fest zu, tut es bei ihm ebenso weh wie dem Menschen, den er beißt.

Trotz meiner Erklärungen brachten es viele Menschen nicht übers Herz, „ihm das anzutun" („das tut ihm doch weh").

Also hatten wir wie viele andere Welpenbesitzer das Problem des **„mitziehenden Umfeldes"**

- Wer kennt sie nicht, die freundlichen Mitmenschen, denen es z. B. nichts ausmacht, wenn ein Welpe an ihnen hochspringt und die sämtliche Autorität der Besitzer untergraben, indem sie den Welpen auch noch während des Hochspringens streicheln, während der Besitzer verzweifelt versucht, seinen Hund am Hochspringen zu hindern.

Eine Möglichkeit wäre gewesen, Oskar nicht mehr zu jedem Menschen zu lassen, sondern seine Begegnungen danach auszusuchen, ob sich die Menschen an die Anweisungen von uns hielten.

Da er aber zu möglichst vielen Menschen Kontakt haben sollte, wählte ich einen anderen Weg: das Kommando „Aus" in einer bestimmten Situation.

Das Handzeichen „Aus" trainierte ich mit Oskar spielerisch, es wurde aber vom ersten Tag an im Alltag eingebaut. Besonders bei der Kommunikation mit artfremden Tieren (z.B. Katzen) erwies dieses Handzeichen als gutes Hilfsmittel.
„Aus" hieß, egal womit man beschäftigt war, sich direkt auf seinen Popo zu setzen und abzuwarten, was als nächstes kam.

Selbstverständlich wurde hier nur im dualen System gearbeitet:
Nach der Korrektur (Sichtzeichen „Aus") erfolgte direkt eine Belohnung für das Befolgen des Handzeichens und eine Alternative zum bisherigen Verhalten wurde angeboten (z. B. ein Bällchen zum Spielen o.ä.).

Hierbei ist zu beachten, dass der Reiz, der von außen auf den Welpen eindringt, im Anfangstadium der Ausbildung niemals interessanter sein darf, als das, was wir zu bieten haben.

Natürlich ist ein Besucher etwas interressantes, aber ein ausgeglichener und zufriedener Welpe, auf dessen Bedürfnisse eingegangen wird, wird stets bemüht sein, die Begrüßung möglichst kurz zu halten – er könnte ja ansonsten etwas Wichtiges in Verbindung mit seinem Besitzer verpassen.

Die meisten Menschen waren absolut fasziniert, wenn ich von außen ohne Worte oder anfassen den kleinen Oskar von den Händen „abrief" und er sich brav auf seinen Popo setzte.

Aber leider gab es auch welche, die sich trotzdem nicht überzeugen ließen, gegen jegliche Hinweise immun waren und den Kleinen auch noch anlockten. Sie erhielten aber „ihre Strafe" durch das Händekauen von Oskar.

So dauerte es zwar etwas länger, bis Oskar auch bei Fremden gelernt hatte, dass Menschenhände keine Kauartikel waren, seine Freude an fremden Menschen blieb aber erhalten.
Ebenso verhielt es sich mit dem Erleben von **artgerechten Frustsituationen**, wie dem Verlust (die Wegnahme) eines interessanten Gegenstandes.

Der kleine Kerl empfand die Gegenstände, die er „fand" als so begehrenswert, dass er sie mit ganzem Körpereinsatz verteidigte (schließlich waren sie etwas ganz besonderes für ihn).

Entgegen der traditionellen Auffassung, dass ein Hund keinen Gegenstand oder Futter zu bewachen hat und demzufolge direkt bestraft werden muss, wenn er etwas verteidigt, gingen wir einen eher unkonventionellen, bei uns aber seit vielen Jahren praktizierten Weg auf der Frage nach dem Warum?

Erziehungsmodell zur Steuerung des Beutetriebes bei Welpen

Durch meine Arbeit als Verhaltenstherapeutin ergibt es sich des Öfteren, dass sich auch „fremde" Tiere bei uns aufhalten, so dass Verhaltensweisen wie „Futterneid" nicht auftreten dürfen.

Zudem leben wir mit vielen Tieren zusammen, daher legen wir ganz besonderen Wert auf ein harmonisches Miteinander.

Bälle zählen zu Oskars liebsten Spielzeugen

Durch meine Ausbildung als Verhaltenstherapeutin bedingt achte ich immer darauf, dass unerwünschte Verhaltensweisen nicht unterdrückt, sondern gegenkonditioniert werden.

Die Unterdrückung führt zwangsläufig zu einem emotionalen Anstau, der sich meist in den unpassendsten Situationen (z. B. im Beisein von Kindern) entlädt.

Demzufolge wird Futterneid nicht durch Bestrafung unterdrückt, vielmehr wird den Tieren vermittelt, dass niemals eine Situation entsteht, in der sie Futter oder

Spielzeug in aggressiver Form gegen Menschen oder andere Tiere verteidigen müssen.

Oskar erhielt – wie alle unsere Tiere – Futter und Leckereien ad libitum, d. h. es stehen immer Futter (selbstverständlich in bester Qualität und Geschmack) und verschiedenste Kauartikel zur Verfügung.

Systematisch wurde er damit konfrontiert, dass er **im Haus** alles für Hunde verträgliche aufnehmen und damit spielen durfte.

Mit einem anderen, aber ebenso schmackhaften Leckerbissen wurde er dann jedes Mal von einem Familienmitglied „überzeugt", seine „Beute" nach Aufforderung für kurze Zeit abzugeben.

War er mit seinem Belohnungsbissen (für die Abgabe der Beute) fertig, erhielt er seine ursprüngliche Beute wieder zurück.

Nach wenigen Tagen war es nicht mehr nötig, ihn zu „überreden" – es war selbstverständlich, dass ihm alles – egal ob Essen oder Spielzeug" – ohne Zögern seinerseits weggenommen werden konnte.

Selbstverständlich wurde nach Festigung des gewünschten Verhaltens auf die Gabe von „Abgabeleckereien" verzichtet.

Diese Erziehungsmethode bei einem gesteigerten Beutetrieb ermöglicht es, völlig gewaltfrei seine Souveränität als Führungsperson zu demonstrieren und hat sich bisher bei jedem Tier, **dass nicht im Vorfeld mit anderen Erziehungsmethoden konfrontiert wurde,** bewährt.

Diese Methode hat nichts mit Anthropomorphismus (Vermenschlichung) oder verwöhnen zu tun, der Hintergrund dieser Behandlungsmethode beruht darin, den Reizfaktor durch die ständige Verfügbarkeit der begehrten Objekte zu senken, parallel dazu senkt sich automatisch auch die Bereitschaft zur Verteidigung des Objektes, was wiederum zur Folge hat, dass der Hund sich problemlos die Beute abnehmen lässt.

Durch ständige Wiederholung dieser Prozedur wird eine Gewöhnung erreicht, die künftige Konflikte nicht mehr aufkommen lässt.

Diese Übung wurde mit Oskar täglich geübt, so dass es zur Selbstverständlichkeit wurde, dass er sich zu jeder Zeit alles aus dem Mund nehmen ließ.

Da Oskar sich selbst und andere nicht hören konnte, mussten wir ihm erst beibringen, sich verbal zu verständigen.

Seine Lautäußerung beschränkte sich anfangs auf ein markerschütterndes Weinen, dass von einem Babyweinen kaum zu unterscheiden war. Dies trat immer dann auf, wenn wir uns außerhalb seines Blickfeldes aufhielten.

Dass sich hier bereits Symptome der Trennungs- und Verlustangst abzeichneten, war durch die bisherige Lebenssituation verursacht. Auch ein „hörender" Welpe hätte diese Zeit kaum unbeschadet überstanden.

Zudem gab es noch einen zweiten, wichtigen Faktor, in einer solchen Situation, über den sich ein „Hörender" keine Gedanken macht:

Selbst wenn man sich außerhalb des Blickfeldes des Welpen aufhält, kann er uns doch anhand seines Gehöres orten und bleibt entsprechend ruhig, bzw. beruhigt sich relativ schnell wieder, da er keinen Grund hat, Angst zu bekommen.

Er kann sich in Ruhe mit der Tatsache auseinandersetzen, dass seine Mutter, Wurfgeschwister und später Menschen nicht immer sichtbar sein müssen, durch sein Gehör wird der Lernprozess des „Alleinseins" erleichtert.

Einem tauben Welpen fehlt diese milde Stressform, die das „Alleine bleiben" von Natur aus trainiert, er wird zwangsläufig „ins kalte Wasser geworfen", wenn er niemanden sieht. Dies bedeutet ein Mehrfaches an Stress bei einer Situation, die ein Welpe im Normalfall problemlos bewältigt.

Besonders bei Dunkelheit wurde das Handicap von Oskar deutlich: durch den zusätzlichen Wegfall eines Sinnesorganes war der Kleine restlos überfordert und reagierte mit Panik. Oftmals wachte er schreiend auf, wenn er am späten Nachmittag eingeschlafen war und erst bei Dunkelheit wieder erwachte.

Die Orientierung durch sein Gehör entfiel restlos, so dass er erst bei Sichtkontakt verstand, dass er nicht alleine war.

Dies war auch noch im Jugendalter für den geübten und aufmerksamen Beobachter sichtbar: trotz intensiver Übungen war eine Unsicherheit im Verhalten festzustellen, besonders wenn Oskar sich in der Dunkelheit freilaufend auf unserem Grundstück bewegte.

Durch die Ausbildung der Riechleistung wird dieser Lernprozess deutlich erleichtert. Auch sie hilft dem Welpen bei seiner Entwicklung und Einschätzung seines Umfeldes.

Obwohl Oskar uns nicht hören kann, wenn wir die Wohnung betreten, ist deutlich zu erkennen, dass er durch die Aufnahme unserer Witterung wach wird und uns begrüßen kommt.

Er hat das Alleinsein mittlerweile prima bewältigt, problemlos bleibt er heute 3-4 Stunden alleine.
Einen Hund über diese Zeitspanne hinaus alleine zu lassen, kommt für mich als Therapeutin nicht in Frage.

Mit der Ausbildung emotionalen Reife wurden auch die Lautäußerungen variabler.

Je nachdem, wie sehr er emotional in der jeweiligen Situation gefangen war, äußerte er sich immer häufiger durch verschieden klingende Lautäußerungen.

Wenn ihn etwas extrem ängstigte oder beunruhigte, wurde dies mit einem „Weinen" belegt, welches ungeübte Zuhörer oftmals mit einem Babyweinen verwechselten.
Im Erwachsenenalter kommt dieses leise Weinen nur noch dann zum Einsatz, wenn er einen ganz besonderen Kauartikel verstecken möchte und verzweifelt einen Platz in der Wohnung sucht.
Ein besonderer Vertrauensbeweis seinerseits zeigt sich dann, wenn er in seiner „Not" kommt und darauf wartet, dass man ein geeignetes Versteck für ihn

findet. Dies ist besonders bei stark riechenden Kauartikeln ein unschätzbarer Vorteil.

Freut er sich besonders stark oder möchte er etwas erreichen (z. B. mit einem anderen Hund spielen) wird aus der Lautäußerung eine niedliche Mischung zwischen Bellen und Jaulen, eine Eigenheit, die sich auch nach seiner Geschlechtsreife nicht geändert hat.

Die meisten Hunde reagieren sichtlich erstaunt über diese „Sprache", mit der sie offensichtlich nichts anfangen können.

Einzig in Situationen, in denen sein Schutztrieb gefordert wird, gibt er ein deutliches Bellen von sich.

Obwohl er seine (und andere) Lautäußerungen nicht hören kann, legten wir besonderen Wert darauf, ihm zu zeigen, dass er sich auf diese Art „verständlich" machen kann (z. B. wenn er außer der Zeit raus muss, um sich zu lösen).

Besonders für seine Arbeit als vierbeiniger Co-Therapeut ist das Lautäußern auf Kommando von großer Bedeutung, eine Aufgabe, die er auf Handzeichen bereits mit 4 Monaten beherrschte.

Die Grunderziehung eines tauben Welpen

Parallel zur Klärung und Behebung der Verhaltensauffälligkeiten von Oskar begannen wir mit seiner Grundausbildung.

Auch bei der Erziehung eines tauben Hundes müssen sich alle Erziehungsberechtigten über den Umfang, die Gestaltung und die Ausführung einig sein.

Sinnvoll ist es, sich ein eigenes Erziehungskonzept zu erstellen, worin alle wichtigen Punkte des gemeinsamen Lebens geregelt sind.

Die **Besonderheit** bei der Grundausbildung eines tauben Welpen erstreckt sich aber nicht nur auf gängige Grundkommandos, sie beinhaltet auch im **besonderen Maße**

- die Kommunikation mit Artgenossen und
- artfremden Tieren aber auch den
- Umgang mit Menschen.

Kommunikation Mensch

Wenn ein Hund taub geboren wird, ist dies in keiner Weise mit einem später ertaubten Hund zu vergleichen.

Hat ein Hund die Möglichkeit erhalten, im Laufe seines Lebens Erfahrungen in und mit der virtuellen Welt zu machen, wird er auch mit schwindendem Hörvermögen (in den meisten Fällen der Alterstaubheit tritt keine plötzliche, sondern eine sich schleichend entwickelnde Taubheit auf) durch sein Erinnerungsvermögen gut zu Recht kommen.

Er kennt die Mimik und die Körpersprache seiner und fremder Menschen, er hat im Normalfall – durch die menschliche Sprache als virtuelles Hilfsmittel – eine fundierte Erziehung erhalten.
Oftmals wurde neben der virtuellen auch mit visuellen Mitteln (Handzeichen) gearbeitet.

Der ältere Hund kennt den Alltag, hat durch die Unterscheidung verschiedenster Geräusche gelernt, wo Gefahren lauern und wo nicht.

Folglich wird er bei schwindendem Hörvermögen die jeweiligen Situationen in seinem Langzeitgedächtnis abrufen und mit der aktuellen Situation vergleichen. So lernt er, sich trotz seines entstehenden Handicaps in seinem Leben zu orientieren und zu arrangieren.

> Oftmals kommt es deshalb vor, dass die Besitzer erst sehr spät erkennen, dass ihr Hund so gut wie taub ist, weil dieser vorbildlich mit der Problematik umgeht.
>
> Ebenso ist dieses Phänomen auch bei langsam erblindenden Hunden zu beobachten.
>
> Sollten Problematiken wie „Alterssturheit" auftreten, ist ein Tierarztbesuch dringend anzuraten, dieser wird dann abklären, ob die Sturheit organische Ursachen hat.

Anders verhält es sich bei einem Hund, der niemals die Möglichkeit hatte, die virtuelle Welt kennen zu lernen.

Es sind die Facetten und Feinheiten, die es unserer Stimme ermöglichen, die Sprach- und Verständigungsbarriere zwischen Mensch und Hund so gering wie möglich zu halten.

Die Spanne verläuft von einer liebevollen, zärtlichen oder auch tröstenden Stimme über freundlich-fröhlich bis hin zum „lautstarken" Schimpfen.

All das nimmt ein kleiner tauber Welpe nicht wahr und muss sich trotzdem mit den verschiedenen Situationen aber auch den Emotionen der Menschen auseinandersetzen.

Geräusche, die Gefahren vorankündigen, werden von tauben Hunden nicht wahrgenommen:

Wie oft hat ein Autogeräusch oder das Quietschen der Bremsen schon einen Hund davor gerettet, überfahren zu werden?

Oder der Ruf des Hundehalters, der eine Gefahr kommen sieht und seinen freilaufenden Hund zu sich holt.

Oberste Priorität ist bei der Ausbildung eines tauben Hundes auf seine **absolute Gefolgschaftstreue** zu legen.

Dies wurde bei Oskar, wie eingangs bereits erwähnt, vom ersten Tag an angestrebt.
Nach wenigen Wochen des Beisammenseins stand für uns fest, dass Oskar nicht mehr weitervermittelt würde.
Wir hatten viele Interessenten, aber leider fanden sich bei keinem das von uns gewünschte Umfeld und das nötige Verständnis, den kleinen Kerl weiter zu fördern und ihn nicht im „gehandicapten Abseits" stehen zu lassen.

„Nachfolgen" als Überlebensstrategie – beim Welpen überlebensnotwendig und von Natur aus gegeben.
Diese Eigenschaft sollte beim tauben Hund ganz besonders gefördert werden.
Besonderes Augenmerk muss auch auf ein **gesundes Selbstwertgefühl** des Welpen gelegt werden, damit durch die enge Bindung keine Verlustängste bei Trennung gefördert werden – siehe Kapitel Trennungsangst.

Da Oskar von uns überall mitgenommen wurde, war es wichtig, dass er sich harmonisch in unser Leben einfügte.

Dazu gehört – nicht nur bei tauben Hunden – ein gut funktionierender Grundgehorsam.
Ein gut erzogener Hund ist überall gerne gesehen und kann somit auch überall mitgeführt werden.

Wir erstellten bei seiner Ankunft ein gemeinsames „Grunderziehungskonzept" (zu diesem Zeitpunkt wussten wir noch nicht, dass Oskar sein späteres Leben bei uns verbringen und seine Ausbildung sehr viel umfangreicher werden würde) für die wichtigsten Grundregeln des gemeinsamen Zusammenlebens:

Die Grundkommandos

- „Sitz"
- „Platz"
- „Bleib"
- eine solide Leinenführigkeit und das
- „Aus" in allen Lebenslagen

sind das „Muss" einer jeden Hundeerziehung.

Diese Kommandos kann jeder Hund problemlos mittels Handzeichen lernen (ausgenommen die Leinenführigkeit, sie wird verständlicherweise ohne Handzeichen erlernt).

Ausbildung auf Handzeichen

Bekannterweise gibt es mehrere Lerntheorien, wie man Hunden die einzelnen Kommandos nahe legen kann. Selbstredend kommt für mich nur eine Erziehung über Belohnung (Positive Konditionierung) in Frage.

Ich bin immer bestrebt, den Hund selbst aktiv werden zu lassen, wenn es um Lernprozesse (egal ob bei der Grunderziehung oder bei Korrekturmaßnahmen) geht.

Diese Methode ist in der Anfangsphase des Lernens zwar zeit- und oftmals nervaufwendig (besonders bei Hunden, die etwas langsamer denken als andere), dafür **verinnerlicht** der Hund wesentlich schneller und sicherer, was von ihm gewünscht wird.

Zudem unterstreicht es meine Souveränität, wenn ich bei der Grundausbildung nicht ständig „Handanlegen" muss (wie z. B. manche Trainer bei der Übung Platz die Vorderbeine wegziehen), um eine Anordnung zu erklären oder durchzusetzen.

Im täglichen Leben bedeutet dies, dass ich den Welpen genau beobachte, bis er das gewünschte Verhalten zufällig zeigt, alternativ kann ich sein Verhalten – insbesondere beim Spiel – auch so manipulieren, dass er das gewünschte Verhalten automatisch zeigt. Dieses wird dann sogleich mit dem entsprechenden „Kommando" und einem dicken Lob belegt.

Bei einem tauben Hund bedeutet dies natürlich ein Handzeichen zu verwenden.

Welche Handzeichen der Halter für seinen Hund aussucht, bleibt ihm natürlich selbst überlassen.

Wichtig ist nur, darauf zu achten, dass sie nicht zu dem natürlichen Bewegungsablauf nicht konträr stehen: eine auf uns zu winkende Bewegung wird ein Hund automatisch als Aufforderung zu kommen, verstehen, während die auf den Hund zeigende offene Handfläche eher abweisend wirkt.

Besonders hilfreich bei mehreren betreuenden Personen ist eine selbst zusammengestellte Auflistung der Grundkommandos mit den entsprechenden Handzeichen und deren Bedeutung, um sicherzustellen, dass alle beteiligten Personen die „gleiche Sprache" sprechen.

Im Alltag sah dies nun folgendermaßen aus:

„Sitz" auf Sicht- (Hand)zeichen

Bereits am ersten Tag, den Oskar bei uns verbrachte, ergab sich die Situation, dass Oskar auf mich zulief (stolperte) und sich vor mich setzte.

Diese **aktive** Handlung von **ihm** belegte ich sofort mit dem Handzeichen „Sitz" (erhobener Zeigefinger) und belohnte ihn (während er saß) mit einem Leckerchen und vielen Streicheleinheiten.

Der Belohnungshappen weckte - erwünschtermaßen - reges Interesse bei Oskar:

„Wie komme ich noch mal an die Wurst" – man konnte ihm förmlich ansehen, wie er darüber nachdachte.

Während dieses Prozesses setzte er sich wieder auf seinen Popo (Denken strengt Hundebabys besonders an) und schaute mich an.

Ich stand wieder mit erhobenem Zeigefinger vor ihm und nickte ihm freundlich lächelnd zu, während die Wurst in seinem Mäulchen verschwand.
Danach zog ich mich zurück und beendete somit die Situation.

Von da an nutzte wir jede Möglichkeit, ihm bei Blickkontakt das Sichtzeichen „Sitz" zu geben und dies entsprechend zu belohnen.

Eine Korrektur war nicht nötig.

Durch die ständige Wiederholung (täglich mindestens 20mal in verschiedenen Situationen und verschiedenen Orten) in Verbindung mit Leckerchen wurde dieses Kommando und die Befolgung zur Gewohnheit.

Auch nachdem wir die Leckerchengabe hierfür langsam ausschleichen ließen, war niemals eine Korrektur (z.B. die Hand auf den Popo legen und ihn sanft nach unten drücken) nötig.

Einzig und allein die Konsequenz bei der Durchführung - auch von unserer Seite aus: es gab niemals eine Belohnung in der Lernphase, ohne dass Oskar das Kommando ausgeführt hat – sorgte für ein hervorragendes Ergebnis:

Oskar sitzt immer und überall, wenn ihm das Handzeichen „Sitz" von uns gegeben wird und erntet oftmals erstaunte Blicke und Anerkennung von Hundebesitzern, die diesen Erziehungsstand bei ihrem Hund (leider) noch nicht erreicht haben.

Info:

Um eine gewünschte Aktion mit einem „Lob" zu verbinden, setze ich (auch bei hörenden Hunden) meine Mimik ein, da es die Situation nicht immer erlaubt, den Hund direkt zu streicheln oder ein Leckerchen zu reichen.

Bei jeder gewünschten Reaktion des Hundes nicke ich ihm freundlich lächelnd zu.

Je weiter die Ausbildung fortgeschritten ist, desto diffiziler kann sowohl das Kopfnicken und die Gesichtsmimik (Augen) gestaltet werden.

Da ich grundsätzlich als Motivationsschub mit Leckerchen unterstütze, erhalten das Kopfnicken und Lächeln sehr schnell einen Konditionierungsstatus, der es – auch bei tauben Hunden eingesetzt - ermöglicht, auf Distanz zu arbeiten.

Dies ist besonders bei der Arbeit mit Therapiehunden unabdingbar: Hier darf auch kein verbales Kommando erfolgen, um den Patienten nicht zu irritieren.

Es ist selbstredend, dass bei jedem neu erlernten Kommando ein besonderer Leckerbissen zur Motivation gegeben wird.

Dieses Leckerchen gibt es dann nur als Belohnung für das Ausführen eines Kommandos.

Es fällt mir immer wieder auf, dass Hundebesitzer Belohnungshappen für ihre Hunde aussuchen, die von den Hunden nicht gerne angenommen werden.

Soll ein Futtermittel als Motivationsschub dienen, muss dies natürlich auch besonders schmackhaft sein.
Je nach Größe des Hundes sollte auch das Leckerchen möglichst mit einem „Happs" im Mund des Hundes verschwunden sein.
Leckerchen, die ein Hund erst einmal in Ruhe kaut, eignen sich nicht.

Ich wähle grundsätzlich frische Futtermittel (vorzugsweise vom Metzger hergestellte Hundewurst) um die Motivation zu erhöhen.

Kommando „Platz"

„Platz machen", „Abliegen", „down", oder wie immer man es nennen mag, ist eine sinnvolle Übung, um einen Hund kurzfristig aus einer Situation zu nehmen oder ihn ganz einfach nur zur Ruhe kommen zu lassen.

Gerade bei sehr agilen Welpen sind Ruhephasen wichtig. Ihre Durchführung erleichtert sich erheblich, wenn die Welpen mit dem Kommando „Platz" vertraut gemacht werden.
Auch der Besuch im Restaurant oder bei Freunden verlangt einen ruhigen, disziplinierten Hund, damit der Besuch ein erfreuliches Erlebnis für alle Beteiligten wird.

Auch zum erlernen des Kommandos „Platz" wurde Oskar physisch nicht manipuliert.

Ich zeigte ihm (nachdem er vom Toben müde geworden war) ein Leckerchen, das er selbstverständlich haben wollte.
Also versuchte er alles zu zeigen, was er bisher erlernt hatte (Kleinigkeiten wie Pfötchengeben und „Touch die Hand" etc. beherrschte er bereits perfekt) um dieses zu erlangen.
Irgendwann legte er sich dann müde hin. Natürlich wurde dieses sofort mit dem dazugehörenden Sichtzeichen belegt und einem Leckerchen belohnt.

Die viele Geduld bei den ersten Versuchen (bis der Hund von sich aus das gewünschte Verhalten zeigt) lohnt sich m. E. immer, die Hunde gewöhnen sich durch die Eigeninitiative wesentlich schneller an die Kommandos und führen diese auch sicherer aus.
Selbstverständlich kann man aber auch hierbei mit etwas Geschick die Situation so gestalten, dass sich das gewünschte Verhalten zwangsläufig daraus ergibt.

Unser pfiffiges Kerlchen hatte es jedenfalls sehr schnell begriffen, dass er selbst tätig werden muss, um an sein geliebtes Leckerchen zu kommen.

Auch nach Ausschleichen der Leckerchengabe sitzt das Kommando Platz wie alle anderen Übungen perfekt, insbesondere auch deshalb, weil wir sehr großen Wert darauf legen, die Übungen so oft als möglich durchzuführen (tägl. Mindestens 20-30 mal im Durchschnitt), um sie sicher im Langzeitgedächtnis des Hundes abgespeichert zu haben.

„Bleib"

Ein Kommando, welches dem extrem bewegungsfreudigen Oskar nicht gefällt, aber durchaus auch bei ihm seine Berechtigung hat, besonders in Hinblick auf seine Arbeit als Co-Therapeut.

Zum Erlernen des Handzeichens „Bleib" wird ähnlich vorgegangen, wie bei hörenden Hunden: systematisches, langsames Entfernen vom Hund mit dem entsprechenden Handzeichen. Um diese Übung anfangs nicht übermäßig schwierig zu gestalten, ist es sinnvoll, den Hund entweder sitzen oder liegen zu lassen.

Falls der Hund dann aufsteht, muss natürlich zuerst das vorangegangene Zeichen (entweder Sitz oder Platz) gegeben werden, um zu verhindern, dass der Hund die Distanz von sich aus verkürzt.

Die Beobachtungsgabe und Reaktion des „Lehrenden" sind hier maßgeblich für den Erfolg dieser Übung verantwortlich.
Der Hund muss dann korrigiert werden, wenn er im Begriff ist aufzustehen und nicht erst, wenn er bereits auf dem Weg zu uns ist.
Nur gutes Beobachten und die sofortige Reaktion mit der entsprechenden Korrektur des Fehlverhaltens machen es dem Hund möglich, zu verstehen, was wir von ihm wollen.

Hier zeigt es sich besonders, wie gut das Hund-Mensch-Team eingespielt ist, da die Belohnung nur durch Körpersprache signalisiert werden.

Oskar verstand sehr schnell, worum es ging. Nur Lust tatsächlich sitzen zu bleiben, hatte er nicht wirklich.
Hier half nur eine unerschöpfliche Geduld und Ausdauer und viele, viele Wiederholungen, bis auch dieses Kommando saß.
Wichtig selbstverständlich hierbei, das Kommando „Bleib" dann zu üben, wenn der Welpe ohnehin vom Spielen müde ist.

Ebenso gingen wir bei dem Kommando
„**Komm**" **auf Sichtzeichen** vor:

> **um es vorweg zu nehmen:**
> dieses Handzeichen wurde bis zu einem Jahr nur in der Wohnung, im gesicherten Garten und an der Schleppleine trainiert. Außerhalb der Wohnung sind die Außenreize so groß, dass es fast unmöglich ist, ständigen Blickkontakt zu halten, was wiederum zwangsläufig zur Folge hat, dass er das Kommando überhaupt nicht wahrnehmen kann.
> Um einen tauben Hund ungesichert freilaufen zu lassen, muss ein absolutes Vertrauensverhältnis zwischen Hund und Mensch und die daraus resultierende Gefolgschaftstreue gewachsen sein, eine derartige, absolut sichere Bindung aufzubauen, dauert mehrere Monate.

Jedes Mal, wenn Oskar auf einen von uns zu marschierte, wurde dies von uns mit einem „winkenden Zeigefinger" unterlegt.
Natürlich „befolgte" er diese Anweisung sofort – war er doch ohnehin schon auf dem Weg.

Während er auf uns zumarschierte, wurde er durch freundliches Lächeln und Kopfnicken in Verbindung mit dem Lächeln „unterstützt". Auf weitere körpersprachliche Signale wurde verzichtet, da noch weitere Handzeichen geplant waren und wir den Kleinen nicht überfordern wollten.

Innerhalb eines Tages hatte er die Bedeutung dieses Sichtzeichens verstanden.
Was nun folgte, war aus der „Bedeutung Sichtzeichen" ein Kommando zu machen.

Die Belohnung für das „auf den Menschen zukommen" halte ich für sehr wichtig bei der Ausbildung von Hunden.

Vielen Hunden wird der Weg zurück zu ihrem Besitzer ohne Ansprache viel zu lang, sie biegen unterwegs ab, weil sie etwas Interessanteres entdeckt haben.

Begleitet man den **hörenden** Hund **verbal** und den **tauben** Hund **visuell** auf seinem Weg, fällt es diesem wesentlich leichter, der Anforderung gerecht zu werden.

Wo immer sich Oskar in der Wohnung aufhielt und ich seinen Blickkontakt erhalten konnte, forderte ich ihn per Handzeichen auf, zu mir zu kommen.
Natürlich kam er mit der Aussicht auf ein Leckerchen sofort und wurde auch dementsprechend belohnt.

Klappte dies in der Wohnung, wurde das Sichtzeichen auch im **gesicherten** Garten trainiert.

Hier war die Abwechslung wesentlich größer und gelegentlich „übersah" Oskar meine Handzeichen geflissentlich.
Dann war es besonders wichtig, sich **direkt** außerhalb seines Sichtkontaktes zu begeben, um zu demonstrieren, dass die Folge dieses „Ungehorsams" die Isolation von uns war.
Dies war selbst im gewohnten Garten eine große Strafe für ihn (erklärend muss man hierzu erwähnen, dass es sich um einen sehr großen Garten einschließlich Teich und guten Versteckmöglichkeiten handelt).

So wurde selbst sein Ungehorsam zu einem wichtigen Instrument in unserer Erziehung.
Oskar erlebte eine gewisse Unabhängigkeit und Selbstständigkeit, musste sich selbst aber seine Grenzen setzen, um nicht alleine zu sein und den Anschluss zu verpassen.
Mittlerweile ist daraus ein Ritual geworden:
Egal, wie wichtig Frösche, Fliegen oder Katzen im Garten sind – Oskar beobachtet immer aus dem Augenwinkel, wo wir uns aufhalten und kommt artig auf unser Sichtzeichen zurück.
Hier muss nochmals darauf hingewiesen werden, wie wichtig ständige Wiederholungen der gewünschten Handlungen und die dabei angewandte Konsequenz sind, d. h. gemütliches Kaffeetrinken im Garten ohne dabei mit den Hunden zu arbeiten, gibt es während der Lernphase nicht.

Ignoriert ein Hund ein verbales (hörender Hund) oder visuelles (tauber Hund) **Zeichen**, muss es **immer sofort Konsequenzen** haben, ansonsten lernt er daraus, sie im Zweifelsfalle zu ignorieren.

Manchmal reicht die Aussicht auf ein Leckerchen als Motivation „zu kommen" während der Erziehungsphase nicht aus, für diese Situationen habe ich grundsätzlich eine dem Hund angepasste Alternative, z. B. ein kleines Spielzeug in der Tasche, welches der Hund nach Befolgung des Kommandos erhält.

Bei einem tauben Hund bleibt leider keine Möglichkeit, einfach ein lobendes Wort einzusetzen, daher ist der Einsatz von Leckerchen noch bedeutender als bei einem hörenden Hund.

Seien Sie nicht sparsam mit der leckeren **Belohnung – die ist hier keine Bestechung,** sondern **Sie demonstrieren** mit der Gabe von Leckerchen für **erbrachte Leistungen** während der Erziehungsphase **Ihre Zuverlässigkeit und das Gehorsam sich lohnt.**

Bitte achten Sie bei einem tauben Hund immer auf eine gesicherte Umgebung!

Selbst wenn er über einen absoluten Gehorsam verfügt, kann er nicht auf Ihr Hand- oder Sichtzeichen reagieren, wenn er sie nicht sieht.

Auch ein absolut gehorsamer Zweithund kann dieses Handicap nicht beheben.

Hierzu ist eine extreme Bindung zwischen Hund und Halter nötig, Außenreize so weit auszukoppeln, dass die Gefolgschaftstreue an oberster Stelle ist.

Wer jedoch bereit ist, viel Zeit zum spielen und Bindungsaufbau zu investieren, wird eine solche Bindung aufbauen können.

Insbesondere dann, wenn ein Zweithund in der Familie zum spielen zur Verfügung steht, rückt ein wichtiger „Störfaktor" in den Hintergrund:
wer kennt nicht die verzweifelten Hundebesitzer, deren Hunde nichts anderes mehr hören und sehen, wenn sie endlich mal die Gelegenheit haben, mit ihren Artgenossen zu spielen.
Viele kommen erst dann zu ihren Haltern zurück, wenn der andere Hund mit seinem eigenen Besitzer weiterzieht. Diese Hunde haben zuhause ein Defizit, das sie verständlicherweise bei jeder Gelegenheit auszugleichen versuchen.
Wer keine Möglichkeit hat, sich zwei Hunde zu halten, sollte sich ganz gezielt einen oder zwei Spielkameraden für seinen Hund suchen.
Dann dürfte es auch kein Problem sein, den „Abschied" so zu üben, dass der Hund freudig zu seinem Besitzer zurückkommt.

Kommunikation Mensch (Elektronik)

Diese Beschreibung der Ausbildung von Oskar ist <u>keine!!!</u> Anleitung zum „nachmachen" ohne fachliche Hilfe!

Sie soll lediglich beschreiben, was bei entsprechender Arbeit mit dem Tier und der erforderlichen Fachkenntnis möglich ist.
Diese Ausbildung wurde von Pro 7 begleitet.

Nicht jeder taube Hund und der dazugehörige Besitzer eignen sich für den „ungesicherten" Freilauf.

Die wichtigste Vorrausetzung für ein Gelingen ist ein **absolut enge Bindung** von Hund und Besitzer und ein Besitzer, der bereit ist, viele Stunden diszipliniert mit seinem Hund zu arbeiten.

Ich empfehle auf jeden Fall fachlichen Beistand durch einen Therapeuten, der mit der Problematik vertraut ist.

Für den Hund ist der Freilauf in einem gesicherten Gelände auf jeden Fall dienlicher, als ein missglückter Versuch auf einem nicht gesicherten Gelände, der im schlimmsten Fall mit einem Unfall enden kann.

In Oskars Fall wollten wir uns – auch in Hinblick auf seine spätere Ausbildung- nicht mit dieser Einschränkung eines immer angeleinten Hundes abfinden.

Deswegen probierten wir (fast) alles aus, was der Markt bot, um ihm einen sicheren Freilauf zu ermöglichen.

Aufgrund der bestehenden Problematik bot sich nur eine Verständigung mittels Vibration an.
Die im Handel erhältlichen „Stromhalsbänder" kamen für mich aus ethischen Gründen nicht in Frage.

Aus versuchten wir selbst eine Lösung zu finden.

Der technische Part, also der Versuch, Oskar ein Hilfsmittel zur Verfügung zu stellen, entpuppte sich als der schwierigste Teil in seiner Ausbildung.

Jegliche Hilfsmittel wie „Tele-tac", „leicht einstellbare Stromhalsbänder", Sprühhalsbänder etc. kommen hierfür nicht in Frage. Alle diese Hilfsmittel sind als „Bestrafung" anzusehen und glücklicherweise zum großen Teil durch die Novellierung des Tierschutzgesetzes verboten. Egal, wie sehr diese Hilfsmittel angepriesen werden, probieren sie diese bitte nicht aus.

Als technischer Laie hatte ich nur die Vorstellung, wie das Endresultat aussehen und funktionieren sollte, die technischen Einzelheiten sollten Experten übernehmen.

Leider stellte ich mir das zu einfach vor.

Als erster durchsuchten wir das Internet nach brauchbaren Informationen. Auf einer recht informativen Seite über taube Hunde fanden wir einen – wie wir meinten – brauchbaren Hinweis über eine Konstruktion. Einfach erklärt ist es so, dass ein Elektrospielzeugauto in seine Einzelteile zerlegt, technisch verstärkt, eine besondere Spule angebracht und dann der Motor an das Halsband des Hundes befestigt wird. Mit der Fernbedienung löst man dann einen Reiz aus, auf den ein Hund (mehr oder weniger) reagiert.

Wir ließen diese Konstruktion bauen (und zwar parallel von drei verschiedenen Technikern), alle brachten ihre besonderen Ideen ein. Die Prototypen probierten wir zusammen mit Oskar aus, er reagierte, aber nicht ausreichend und nicht so positiv, wie wir es erhofft hatten, so dass wir neu auf die Suche gehen mussten.

> Im Nachhinein muss ich zu dieser Konstruktion sagen, dass sie sich kaum von einem Stromhalsband unterscheidet, der Reiz ist ein Negativreiz. Zwar hat Oskar nur leicht reagiert, aber nicht positiv. Den Unterschied konnten wir bei späteren Konstruktionen sehen.

Nun hatten wir ein Problem. Das Internet gab keine weiteren Hinweise für taube Hunde, so dass wir uns an ein Institut für gehörlose Menschen und ein Spezialgeschäft für gehörlose Menschen wandten. Die Befürchtung, dass man hier auf „taube Ohren" für unser Problem stößt, war vollkommen unbegründet. Der Besitzer des Geschäftes (selbst Besitzer von zwei Hunden) machte sich mit uns zusammen auf die Suche nach Produkten, die Oskar helfen könnten. Wir fanden dann ein über Funk gesteuertes Gerät, welches eine Vibration beim Empfänger auslöst, sobald der Sender betätigt wird. Er besorgte sich dieses Gerät, um gemeinsam mit uns zu probieren, ob und wie Oskar darauf reagiert.

Oskar reagierte auf die Vibration mit Neugier, keineswegs unangenehm berührt. Leider stellten wir beim Test fest, dass es eine Übertragungszeit von Sender zu Empfänger gibt, die ungeeignet für unsere Zwecke war. Auch, wenn die Übertragungszeit nur 2-3 Sekunden beträgt, ist es für einen Hund eine zu lange Zeit. Wenn ich den Sender auslöse, weil der Hund stehen bleiben oder zurückkommen soll und der Empfänger meldet diesen Befehl erst 3 Sekunden später, ist ein Hund schon mehrere Meter weiter (und vielleicht zu weit!) gelaufen. Eine Änderung der Übertragungszeit war technisch nicht möglich, so dass auch diese Möglichkeit ausfiel.

Beim Spielen mit unseren Katzen entdeckte Oskar das Mittel seiner Wahl.

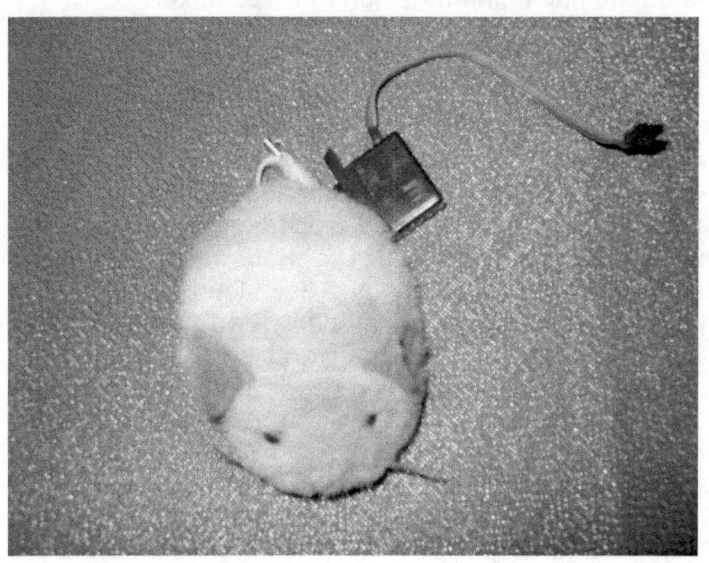

Unsere Katzen haben eine Spielzeugmaus, die durch Ziehen an einem Band aufgezogen wird und dann wegläuft. Oskar hat mit Vorliebe die Maus zwischen seinen Pfötchen genommen, mit der Schnauze an dem Band gezogen und die dann vibrierende Maus begeistert festgehalten.

Das war also die Art Vibration, die er liebte.

Wir probierten es aus, indem wir die Maus aufgezogen auf seinen Rücken stellten. Sobald die Maus vibrierte, wurde Oskar gefüttert. Voller Freude brachte er immer und immer wieder seine Maus an.

Als erstes besorgten wir uns ein ganzes Dutzend dieser Katzenspielmäuse. Dann machten wir uns auf die Suche nach einem geeigneten Techniker.

Schließlich fanden wir hier Hilfe bei einem Modellbauer. Er nahm als Hilfsmittel den Antrieb, die Fernbedienung, Batterien etc. für ein Modellflugzeug. Das Bändchen der Spielzeugmaus wurde an einer Spindel befestigt und bei Fernbedienung gelöst aber auch wieder aufgezogen. Die Konstruktion bestand dann allerdings nicht nur aus der Maus, sondern aus Motor, Maus, Spindel, Empfänger, Batterien. All diese Dinge mussten irgendwie auf und an Oskar befestigt werden. Hierzu beschäftigten wir einen Sattler, der Oskar ein passendes Geschirr mit kleinen Taschen fertigte.
Die Maus wurde durch einen Klettverschluss auf das Geschirr befestigt, ebenso wie die Taschen, damit Oskar, der sich ja noch im Wachstum befand, diese Konstruktion auch für sein nächstes Geschirr nutzen konnte. Das größte an der gesamten Konstruktion war die monströse Fernbedienung. Diese war ja ursprünglich für ein Modellflugzeug mit vielen verschiedenen Funktionen vorgesehen.

Parallel zu den Arbeiten konditionierten wir Oskar täglich auf die Vibration der Maus, die wir von Hand aufzogen, auf seinen Rücken setzten und ihn bei Spüren der Vibration mit seinem Leckerchen fütterten.

Zur Anprobe mussten wir dreimal mit Oskar zum Sattler, damit die Geschirrkonstruktion perfekt passte. Dort hatte Oskar eine kleine Freundin, eine wunderschöne Jack Russell Dame, gefunden, so dass er noch viel öfter zur Anprobe wollte, als erforderlich war.

Endlich war der Prototyp fertig.

Wir zogen Oskar sein Geschirr an, ließen ihn (im geschützten Gartenbereich) frei laufen und wollten sehen, ob er auf die ausgelöste Vibration reagiert.

Die Kurzfassung davon lautete: „Getroffen und versenkt".

Oskar sprang mit voller Montur in den Gartenteich. Maus und Konstruktion waren hinüber und es wurde ein neuer Prototyp nach gleichem Muster gebastelt. Der nächste Test erfolgte nicht im Garten, wobei das „absolut nicht reagieren" von Oskar auf das Auslösen der Vibration – bevor er in den Teich sprang – mich erstaunte. Bei der Maus reagierte er, wenn wir sie manuell auslösten, prinzipiell, ohne jegliche Ausnahme.

Der nächste Versuch mit der umgebauten Maus wurde auf einen Feldweg verlegt.

Oskar war ca. 30 m (für einen Hund keine Entfernung) von mir entfernt, als ich die Vibration auslöste.

Oskar ging weiter, keine Reaktion.

Ich verkürzte die Entfernung auf 20 m, keine Reaktion.

Als ich das nächste Mal die Vibration auslöste (ca. 15 m), blieb Oskar stehen, machte den Kopf hoch, drehte sich um, kam hopsend auf mich zu und erwartete sein Leckerchen.

Wir probierten es weiter und es dauerte etliche Minuten, bis wir feststellten, woran es lag.

Die Fernbedienung funktionierte nur bis zu einem Bereich von ca. 15 m. Danach wurde die Vibration gar nicht ausgelöst.
Jetzt hatten wir die Erklärung, warum Oskar trotz Auslösen der Vibration in den Teich gesprungen war.

Eine Lösung unseres Problems hatten wir immer noch nicht. Sicherlich hätte es eine technische Lösung des Problems gegeben, nur leider fehlen mir hierzu die Kenntnisse. Mit Sicherheit ist ein geliebtes Spielzeug mit einer angenehmen Vibration das sinnvollste und geeignete Mittel, um zu trainieren.

Also überlegten wir weiter. Ganz am Anfang hatten wir den Gedanken an ein Vibrationshandy, haben den Gedanken jedoch wieder verworfen, weil bei einem Test mit Oskar er überhaupt nicht auf das Vibrieren des Handys reagiert hatte.

Was ich als technischer Laie nicht beachtete: Das Vibrieren ist von Handy zu Handy unterschiedlich, ebenso wie das Vibrieren sich bei verschiedener Musik unterscheidet.

Während Oskar schlief, hielten wir ihm ein vibrierendes Handy auf dem Rückenbereich. Er erwachte sofort und schaute sich interessiert um. Es war ein anderes Handy als ich beim ersten Mal ausgetestet habe. Mit ihm zusammen probierten wir verschiedene Handys mit verschiedenen Vibrationsmoden aus – bis „er" sich für ein bestimmtes Handy (natürlich eines der teuersten mit Kamera etc.) entschieden hatte.

Oskar reagierte absolut positiv darauf, die Reichweite war nicht zu überbieten und dank GPRS ist der Kleine auch in einer Notsituation auffindbar.

Nachdem Oskar positiv auf den Vibrationsmodus reagiert hatte, bekam er ein Geschirrchen mit einer Handytasche daran.

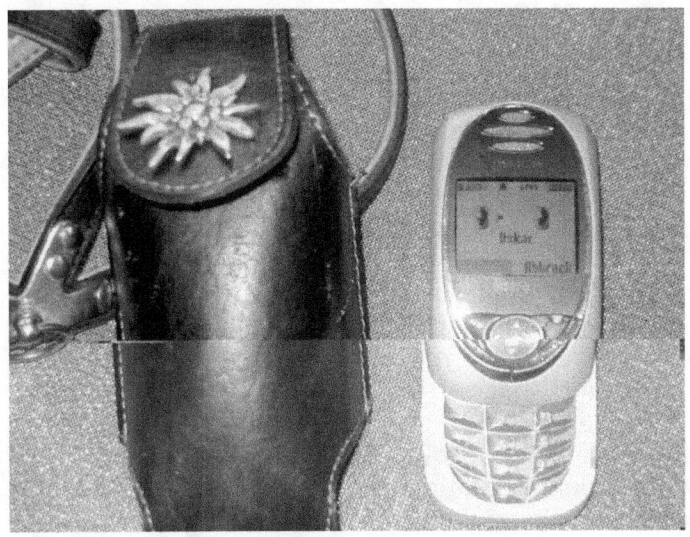

Es dauerte nur wenige Spaziergänge, und der Kleine hatte sich an das leichte Zusatzgewicht gewöhnt.

Als zweiter Schritt erfolgte die Konditionierung auf den Vibrationsreiz.

Natürlich wurde die Konditionierung mit dem für Oskar attraktivsten Leckerchen durchgeführt um einen möglichst großen Belohnungs- und Anreizfaktor zu bieten.

Dieses Leckerchen (bei Oskar war es Filet) gab es nur für die Konditionierung und später als Belohnung für das „Kommen auf Zuruf/Vibration".

Die Konditionierung erfolgte unter meiner Anleitung durch seine Besitzerin, da Oskar lernen sollte, bei Vibration zu seiner Besitzerin zu laufen und nicht zu dem nächsten Menschen in der Nähe.

Die Konditionierung ist ein sehr sensibler Abschnitt auf dem Weg zum Freilauf eines tauben Hundes. Sie sollte daher wirklich nur durch fachkundige Ausbilder oder zumindest – wie in Oskars Fall – von fachkundiger Hilfe begleitet werden.

Wird die Konditionierung nicht exakt durchgeführt, ist ein späterer Erfolg der Übung nicht gewährleistet. Dies kann für einen Hund mit Handicap verheerende Folgen (Unfallgefahr!) haben.

Deshalb ist es von großer Bedeutung, sich extrem viel Zeit bei der Konditionierung und auf ein absolut korrektes Timing zu achten.

Die Besitzerin setzte sich also vor Oskar hin, um ihm auf mein Zeichen sein Leckerchen zu geben.
Jedes Mal, wenn Oskar die Vibration auf seinem Rücken spürte, bekam er dafür ein kleines Stückchen Filet.

Die Konditionierung wurde zu Beginn innerhalb der Wohnung durchgeführt, um Außenreize auszuschließen.

Auch hier gingen wir in verschiedenen Schritten vor:

- Die Konditionierung erfolgte in allen Zimmern der Wohnung

- Anfangs saß seine Besitzerin vor Oskar, danach stand sie hinter ihm, so dass er sich umdrehen musste, wenn er die Vibration spürte

- Der Abstand zwischen Oskar und seiner Besitzerin wurden kontinuierlich erweitert, bis die Besitzerin sich in einem anderen Raum aufhielt und Oskar sie „auf Anruf" suchen musste.

Erst als dieser Abschnitt absolut sicher funktionierte, begann die Ausbildung im gesicherten Auslauf.

Unter der enormen Ablenkung im Garten (Katzen, Teich, Vögel etc.) wurden unzählige Übungseinheiten durchgeführt, bis wir sicher sein konnten, dass Oskar verinnerlicht hatte, **jedes Mal** auf Vibration zu seiner Besitzerin zu kommen.

Erst danach wurden die Übungen auf ruhige und abgelegene Örtlichkeiten ausgeweitet.

Oskar erhielt nach wie vor für jedes Kommen auf Handyruf sein Leckerchen.

Natürlich genießt Oskar nur in ruhigen Gegenden ohne Autos und sonstige Gefahrenzonen seinen Freilauf, da er jedoch jedes Mal auf den Handyruf reagiert, wird ihm diese Freiheit auch weiterhin gegönnt werden können.

Ansonsten geht Oskar brav an der Leine. Eine gute Leinenführigkeit zeichnet eine gute Beziehung von Hund und Halter aus.

Leinenführigkeit

Oskar wurde so oft es ging, überall mit hingenommen. Dies diente nicht nur der Sozialisierung mit Artgenossen und Menschen, sondern bereitete ihn auf alle nur erdenklichen Situationen und Gegebenheiten vor.

Spaziergang mit „Fremdpersonen" zur Steigerung des Selbstbewusstseins.

Bei einem kleinen Hundebaby gibt es kaum Probleme, es an eine solide Leinenführigkeit zu gewöhnen.

> Wichtig hierbei ist nur die Erkenntnis, dass nur der **angeleinte** Hund **lernen kann**, vernünftig an der Leine zu gehen.
>
> Leinenführigkeit erlernt der Hund am besten im Welpenalter!

Viele Welpenbesitzer machen den Fehler, die kleinen Hunde nicht anzuleinen, da diese ohnehin hinter ihnen her tapern.

Wenn ein Welpe auch außerhalb der Spaziergänge ausreichend beschäftigt wird, kommt es maximal am Anfang des Spazierganges zu einem leichten Leinenziehen, das aber mit ganz geringen Mitteln (Ansprache, Leckerchen) behoben kann.

Vielen Besitzern fällt es schwer sich durchzusetzen, wenn sich die Hundebabys auf den Popo setzen und nicht mehr weitergehen wollen.
Selbstverständlich muss darauf geachtet werden, ob der Welpe sich hinsetzt, weil er müde ist oder weil er keine Lust mehr hat, weiterzugehen.

Hat er nur keine Lust, genügt in diesem Alter noch ein Minimalaufwand (freundlich fröhliche Ansprache etc.), die Hundebabys zum Weitergehen zu überreden.

Die Leinenführigkeit muss vom ersten gemeinsamen Tag an geübt werden, auch wenn es bequemer wäre, den Welpen einfach freilaufen zu lassen.

Eine Inkonsequenz rächt sich dann, wenn die Kleinen größer werden und mehr Kraft entgegen setzen können.

Spätestens beim erwachsenen Hund ist das Dilemma dann perfekt.

Schuld an der mangelnden Leinenführigkeit ist dann plötzlich wie üblich der Hund, der einfach verstehen will, dass er vernünftig an der Leine gehen soll.

Die Korrektur einer mangelnden Leinenführigkeit ist sehr aufwendig und scheitert oftmals – ähnlich wie bei der Erziehung - an der Konsequenz der Besitzer.

Bei älteren Welpen oder erwachsenen Hunden mit Problemen der Leinenführigkeit hat sich mein eigens entwickeltes Lernsystem, bei denen es vornehmlich – wie bei meiner gesamten Ausbildungsstrategie – darum geht, dass der Hund selbst Handlungen vollziehen muss, anstatt wie normalerweise üblich – von den Besitzern dazu „genötigt" wird.

Das wichtigste Kommando

„Aus"

in allen Lebenslagen

hier ist das Kommando „aus" angebracht: die Spielzeugmaus soll abgegeben werden

Jeder Hundebesitzer kennt die Situation:
Voller Freude hat der Welpe auf dem Spaziergang oder im Garten etwas ergattert, was seinem Magen ganz bestimmt nicht bekömmlich ist und dass er unter keinen Umständen wieder hergeben möchte.

Eigentlich eine Selbstverständlichkeit, dennoch einer der schwierigsten Ausbildungsschritte im Leben eines Hundes.

Hier ist besonders viel Übung, Geduld und eine wirklich begehrenswerte Alternative zu dem Erbeuteten Gegenstand/Futter in der Lernphase nötig. Hat der Hund Angst, etwas abgenommen zu bekommen (z.B. wenn man diese Ausbildung mit Zwang ausübt), wird er es zwangsläufig sofort runterschlucken, wenn er Bedenken hat, dass man es wegnehmen will.

Natürlich wird es trotzdem vorkommen, dass ein Hund einen wohlschmeckenden Happen runterschluckt, bevor man realisiert hat, was es eigentlich war, trotzdem sollte man sich nicht entmutigen lassen und auch den tauben Hund zu schulen, „draußen" nichts aufzunehmen, bzw. sich alles aus der Schnute nehmen zu lassen.

Das Kommando „Aus" kann für einen Hund lebensnotwendig sein. Sollte er bei einem Spaziergang etwas aufnehmen, was seiner Gesundheit abträglich ist, muss er es sofort und ohne zu zögern, wieder ausspucken.

Diese Übung ist bereits bei einem hörenden Hund nur mit sehr großem Zeit- und Arbeitsaufwand zu bewältigen.
Dies gilt besonders für Hunde mit großem Appetit und Fresslust (wie z. B. der Labrador oder Spaniel).
Trainiert werden kann dies beim hörenden Hund am sinnvollsten mit **konditioniertem** Disc-Scheiben Einsatz.

Bei einem tauben Hund gestaltet sich dies besonders problematisch, wenn er bei einem Spaziergang etwas vom Boden aufnimmt. Hier macht es Sinn, dem Hund beizubringen, nichts! (auch kein versehentlich auf den Boden gefallenes Leckerchen) vom Boden aufzunehmen.

Bei Situationen, in denen der Hund uns zugewandt ist, kann das bereits beim Apportieren und Beutetriebtraining angewandte Handzeichen (z. B. eine geballte Hand, die sich ruckartig öffnet) trainiert werden.

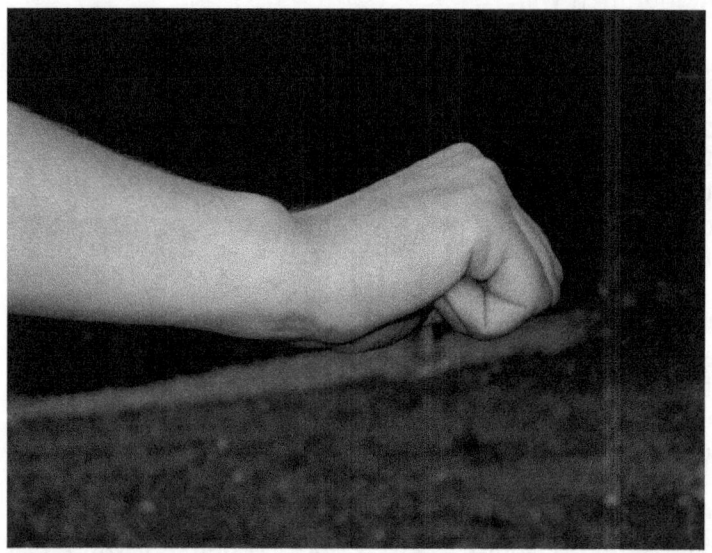

Beim Handzeichen „Aus" öffnet sich die geballte Hand – für Oskar das Zeichen, die „Beute" freizugeben.

Damit der Welpe versteht, dass er bei dem „Handzeichen aus" die Beute freigeben soll, kann man sich eines ganz einfachen Tricks bemächtigen:

Halten Sie ihm etwas Schmackhaftes vor die Nase: er wird automatisch das Mäulchen öffnen, um die Leckerei zu essen – dabei fällt ihm die Beute aus der Schnute. Schieben Sie ihm das Essen ins Mäulchen und nehmen Sie die Beute an sich.

Parallel hierzu üben Sie bei jeder sich bietenden Gelegenheit, sprich: wenn der Welpe etwas mit sich rumschleppt, muss er auf Handzeichen auslassen.

Selbstverständlich muss hier auch die Belohnung durch ein Leckerchen erfolgen. Die Beute sollte ihm anschließend direkt wieder übergeben werden, damit er nicht denkt, dass er keine „Beute" machen darf.

Artig gibt Oskar die Spielzeugmaus ab...

Ganz besonders wichtig sind hierbei wieder einmal wohlschmeckende Leckerchen zur Belohnung - es sollte immer besser schmecken, als das begehrte Objekt auf dem Boden und es sollte nur für diese Übung verwandt werden (z.B. ein Stückchen gekochtes Fleisch).

Bei so einem Leckerchen lacht das Hundeherz...

Trennungsangst

Trennungsangst kann, muss aber nicht zwangläufig bei tauben Hunden auftreten.

Wie bereits eingangs beschrieben, fällt es gehörlosen Hunden besonders schwer, von uns isoliert zu sein. Nicht immer werden Geräusche als störend empfunden, gewohnte Geräusche sind häufig vielmehr beruhigend.

Auch bei einem tauben Hund muss die Trennung vom ersten Tag an trainiert werden. Dennoch sollte langsamer und behutsamer dabei vorgegangen werden, als es normalerweise durchgeführt wird.

Grundsätzlich würde ich bei einem Handicap- Hund das „Allein-Bleiben" mit Kauartikeln und Spielzeug üben und – zumindest anfangs - auf keinen Fall die Wohnung verlassen, während der Welpe schläft.

Der Welpe sollte immer mitbekommen – das heißt sehen! – dass wir die Wohnung verlassen, nur so kann er sich mit der Situation auseinandersetzen. Wenn er sich nach der Verabschiedung lieber schlafen legt anstatt zu spielen, schläft er ein mit der Gewissheit, dass er alleine ist und wird entsprechend gelassen aufwachen und ggf. schauen ob wir schon da sind.

Oskar verschläft grundsätzlich unsere Abwesenheit, ist aber sofort hellwach, wenn seine Nase unsere Witterung aufgenommen hat. Dies geschieht je nach Schlafphase teilweise innerhalb weniger Sekunden.

Kommunikation mit Artgenossen

Die Kommunikation mit Artgenossen beschränkt sich nicht nur auf die Beißhemmung, vielmehr sollte auf ein höfliches und respektvolles Miteinander geachtet werden.

„Respektvoller Umgang" – bei einem so eindrucksvollen Hund wie Sammy eine Selbstverständlichkeit.

Von „Höflichkeit" und „respektvollem Umgang" in Verbindung mit Hunden zu sprechen – viele Hundebesitzer werden dies als einen Ausdruck von Anthropomorphismus bezeichnen.

Dies ist es aber bei genauem Nachschauen garantiert nicht.
Hunde sind hochsoziale Wesen, oberste Priorität ist das Wohlergehen des eigenen Rudels, sprich der eigenen Familie.

Vergessen Sie bitte niemals: wenn Sie sich einen Welpen in ihre Familie holen, sind Sie Erziehungsberechtiger, mit all seinen Rechten, aber auch Pflichten.
Hunde, besonders wenn sie erwachsen geworden sind, setzen natürlich voraus, dass jemand, der sich diesen Status selbst zugewiesen hat, ihn auch erfüllen kann, wenn nicht, wird er die Führungsposition bei entsprechender Veranlagung verständlicherweise in Frage stellen.

Dazu gehört nun mal nicht nur das Öffnen der Futterdose sondern auch die Regeln im Umgang untereinander und mit „Fremdrudeln" (Sozialkontakte außerhalb der Familie, sowohl mit Zwei- als auch Vierbeiner) festzulegen und für deren Einhaltung zu sorgen.

Gut sozialisiert und hochkonzentriert bei der Arbeit...

Es ist erschreckend, wie gerade in Welpenschulen Hunde dazu „erzogen" werden, sich rücksichtslos gegen andere durchzusetzen, um die „Rangordnung" zu klären. – Welche Rangordnung? Außerhalb der Familie (des Rudels) gibt es diese nicht!

Eine funktionierende Gemeinschaft ist die eigene Familie, der Bereich außerhalb dieser sollte eigentlich eine Bereicherung zum Ausgleich von Defiziten im Bereich der innerartlichen Kommunikation und Bewegung sein, sofern kein Zweithund zur Verfügung steht.

Und obwohl die meisten Besitzer (zumindest diejenigen, deren Welpen von anderen ständig gemoppt und bedrängt werden) eigentlich einschreiten wollen, werden sie von selbsternannten Fachleuten daran gehindert, da „die Hunde das unter sich regeln müssen".

keine Angst vor dem großen Hund...

In Wirklichkeit lernen Welpen, die etwas schüchtern und zurückhaltend sind, dadurch nur, dass sie sich nicht auf ihre Besitzer verlassen können, weil diese sie nicht beschützen.

Was bleibt diesen Hunden anderes übrig, als sich selbst zu verteidigen und in Zukunft jeden Hund durch aggressives Verhalten von sich fernzuhalten? Zudem werden sie auf diese Weise nie lernen, ein gesundes Selbstbewusstsein aufzubauen.

Die mutigeren Welpen lernen bereits in der Kinderstube, dass man sich einfach rüpelhaft benehmen muss, um Spaß im Leben zu haben.

Unterstrichen wird diese Einschätzung durch die Erfahrungen aus der Verhaltenstherapie: in meinem Klientel waren 98% der Hunde, die wegen intraspezifischer Aggressionsproblematik vorgestellt werden, in einer Welpenschule. Da meine Tätigkeit nicht nur regional beschränkt ist, scheint in den Hundeschulen einiges schief zu laufen.

Die Beißhemmung muss ja erst bei einem ernsthaften Konflikt einsetzen.

Wird ein vernünftiger Umgang eingeübt, kommt sie selten zum Einsatz.

Achten Sie also bei dem Besuch einer Welpenschule darauf, dass eingegriffen wird! Wenn sich ein Welpe (oder mehrere) daneben benimmt.

Nutzen Sie jede Möglichkeit, auch **angeleint** mit anderen Hunden spazieren zu gehen, damit der Hund nicht den Anspruch stellt, ständig und überall zu jedem Hund gehen zu wollen.

> **Ausbildung der Beißhemmung bei Hunden ohne Handicap**
>
> Die Beißhemmung wird ab der 6. bis etwa zur 18. Lebenswoche durch ein Aktions-Reaktionsmuster erlernt:
>
> Der Welpe beißt im Spiel einen anderen Welpen, dieser schreit vor Schreck oder Schmerz auf.
>
> Noch hat dieser Schrei hat keine Auswirkungen auf den beißenden Welpen, wenn der Gebissene sich nicht dagegen wehrt und zurück beißt.
>
> Durch den Schmerz, den der Welpe am eigenen Leib erfährt, weil der Gebissene sich wehrt, lernt er nun die Bedeutung seines eigenen Bisses, den Grund des Aufschreies und die daraus resultierende Stärke der Gegenwehr einzuschätzen.
>
> Er erfährt außerdem, dass die Gegenwehr von der Stärke des eigenen Angriffs (Bisses) abhängt.
>
> Diese Erfahrung ist für eine gute Beißhemmung unabdinglich.

Bei tauben Hunden fehlt die komplette Palette der verbalen Kommunikation: sie hören weder ein freundliches „Grunzen", noch ein leichtes Knurren oder eine eindeutige Drohung.

Sie sehen nur die Mimik und lernen dann durch Schmerzen, was diese Mimik zu bedeuten hat.

Diese Phase hatte Oskar bereits schmerzhaft erfahren müssen: unzählige Verletzungen an Gesicht und Ohren zeugten davon, dass er mit seinen Artgenossen Kommunikationsschwierigkeiten hatte.

Um weiteren Verletzungen körperlicher, aber auch seelischer Art vorzubeugen, suchten wir die künftigen Kontakte zu anderen Hunden selbst aus.

Dies stieß sehr oft auf Unverständnis der Hundebesitzer, waren sie doch oftmals der Meinung, dass ihr Hund einem Welpen nichts tut und empfanden dies als eine persönliche Beleidigung, wenn ihr Hund nicht an Oskar schnüffeln durfte.

Da er aber später bei uns als Co-Therapeut eingesetzt werden sollte, war es ganz wichtig, nur positive Begegnungen herbeizuführen.

Ein entspannter Abend mit Freundin Jule....

Er sollte sich anderen Hunden gegenüber absolut neutral verhalten und trotzdem eine gezielte Auswahl an Spielfreunden haben.

Da ich, durch meine Arbeit bedingt, mit sehr vielen Hunden Kontakt habe, war dies kein Problem.

Es gibt vermutlich keine Rasse, die Oskar nicht schon kennen gelernt hat.
Auch seine Spielfreunde sind bunt gemischt: vom Yorkshire bis Schäferhund, kastriert und unkastriert, ist alles enthalten.

Es wird nur gespielt, Rangeleien oder Unfrieden entstehen nicht, da sie sofort im Keim erstickt werden. Hier muss man verständlicherweise beim tauben Hund wesentlich schneller eingreifen als bei hörenden Hunden.

Trotzdem musste Oskar dies erst erlernen, er stürmte wie jeder andere Welpe auf jeden Hund los und wollte mit ihm spielen. War der andere nicht gewillt, wurde er kurzerhand so lange von Oskar drangsaliert, bis er entweder mitspielte oder sauer wurde.

Also unterstützten wir die anderen Hunde mit einer Wasserspritze.

Um es vorweg zu nehmen: Oskar ist trotz dieser Erziehungsmethode eine absolute Wasserratte geworden. Er schwimmt! trotz seiner Taubheit leidenschaftlich gerne, reagiert aber nach wie vor auf die Korrektur mittels Wasserspritze.

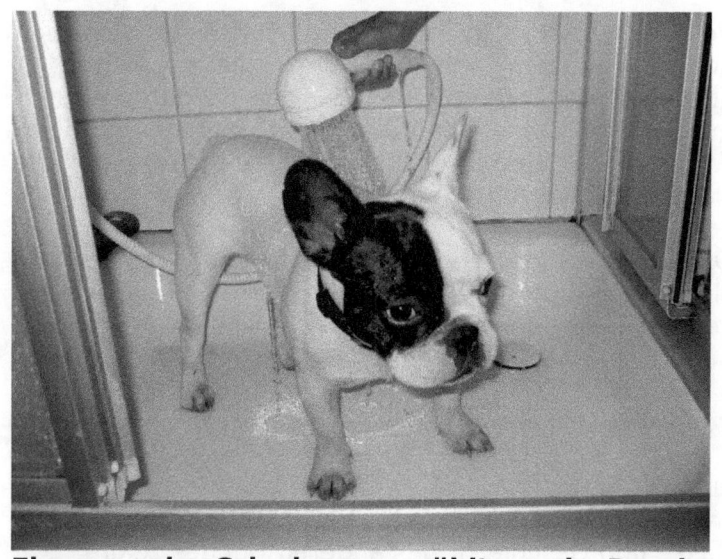

Ebenso wie Schwimmen zählt auch Duschen trotz Korrektur mittels Wasserspritze zu den Lieblingsbeschäftigungen von Oskar –
Im Anschluss an das Duschen kommt die Müdigkeit

Verhielt Oskar sich ordentlich, durfte er sich den anderen Hunden annähern und spielen. Wurde er aufdringlich, unterstützte ich den anderen Hund, indem ich sein Knurren mit einem gezielten Wasserstrahl aus einer Blumenspritze direkt auf die Nase von Oskar unterstützte.

Oskar lies sofort von dem anderen Hund ab und setzte sich erst einmal hin. Für dieses Verhalten gab es ein Leckerchen, dann durfte er sich wieder dem Hund nähern und weiterspielen.

Diese Übungen wurden mit verschiedenen Hunden trainiert, so dass Oskar sein Verhalten unabhängig von Rasse und Geschlecht des anderen Hundes zeigte.

Mittlerweile sind andere Hunde für ihn eine Selbstverständlichkeit, er kommuniziert hervorragend und spielt für sein Leben gerne mit anderen Hunden.

Dennoch ist immer große Vorsicht bei fremden Hunden geboten, Oskar kann die drohenden akustischen Signale nicht wahrnehmen und nicht jeder Hund zeigt auch visuell deutlich, dass er nicht freundlich gestimmt ist.

Die

Kommunikation mit artfremden Tieren

gestaltete sich nicht ganz so problematisch als die mit Artgenossen, da der Kontakt im Allgemeinen nicht so eng gehalten wird.

Dass kein Tier ein Jagdobjekt ist, lernt ein tauber Hund ebenso wie ein hörender möglichst noch vor Ausbildung des Jagdtriebes mit ca. 5-6 Monaten.
D. h. der Welpe wird angeleint mit allen in seiner Umgebung vorkommenden Tieren konfrontiert, damit spielerisches „Jagen" sofort unterbunden werden kann.
Da wir fast alle interessanten Jagdobjekte vor Ort haben, die zudem noch an Hunde gewöhnt sind, war dies kein Problem.

Egal ob Katzen, Hühner oder Gänse- keiner nahm den kleinen Kerl wirklich ernst, wurde er zu aufdringlich, maßregelten ihn die Tiere selbst.

Wer selbst einmal vor einem wütenden Ganter stand, weiß wie der kleine Oskar sich fühlte, als er versuchte, diesen zu jagen. Der Ganter, ca. das 10fache an Gewicht, drehte sich kurzerhand um und streckte seinen langen Hals wütend in Richtung des kleinen Oskars. Dieser setzte sich daraufhin sehr eingeschüchtert wieder auf seinen Popo und beschloss, die Gänse fortan zu ignorieren.

Lediglich bei den Katzen mussten wir unterstützend eingreifen: die Gefahr, durch einen Tatzenhieb am Auge verletzt zu werden, war uns zu groß.

Also wurden auch die Katzen bei ihrer Kommunikation unterstützt: drohte eine Katze mit erhobener Pfote, wurde es mittels Wasserspritze nass auf Oskars Nase. Mittlerweile liebt er alle Tiere, besonders die Katzen, kuscheln und **gegenseitiges** Fangespielen sind ein „Muss" nach jedem Arbeitstag.

Einer so stürmischen Begrüßung kann man sich als Katze kaum entziehen...

Sein „Pfötchen heben zur Begrüßung" bei Katzen (er hatte diese Drohgeste der Katzen völlig missverstanden) hat er beibehalten, unsere Katzen haben sehr schnell verstanden, dass dieses Ritual keine Drohgeste beinhaltet.

Die Ausbildung zum Co-Therapeuten

begann bereits mit 12 Wochen:

einmal wöchentlich durfte Oskar bei 1 Therapiestunde zusehen – was er sehr interessant fand, ab der 14. Woche steigerten wir die Anforderung auf 2 x wöchentlich: 1x zusehen, 1x aktiv mitarbeiten, z.b. an einem ängstlich reagierenden Hund vorbeigehen, ab der 16. Woche 3 x wöchentlich aktiv im Spiel, vornehmlich mit südländischen Hunden, die durch ihn den Kontakt zu Menschen erlernen können.

Diese „Arbeitsstunden" fanden für Oskar jedoch immer mit besonderer Betreuung statt, d. h. es stand eine Person zur Verfügung, die sich einzig und allein um ihn dabei kümmerte und sich nicht durch andere Tiere/Hunde/Menschen ablenken ließ.

Pausenstimmung
zwischen den Therapieterminen: für das leibliche
Wohl von Hund und Mensch ist gesorgt.

Sein Aufgabenbereich besteht meist darin, möglichst neutral an aggressiven Hunden vorbeizugehen.
Seine Taubheit und sein unerschütterliches Vertrauen in uns waren hier ein unschätzbarer Vorteil.

Bei sehr ängstlichen Patienten dient er als Mittler zwischen Hund und Mensch, da er mit seinem unbekümmerten Wesen auf jeden Menschen zugeht und diese auch immer positiv auf ihn reagieren. So hat der ängstliche Patient die Möglichkeit zu beobachten, wie Kontaktaufnahmen ablaufen.

Bei der Umgebungssozialisation (insbesondere bei Südländischen Hunden oder Hunden, die nur wenig Umwelterfahrungen in der Sozialisationsphase machen konnten, dient er mit seiner draufgängerischen Art als unerschütterlicher „Leithund".

Mittlerweile arbeitet der kleiner Kerl nicht nur mit vierbeinigen Patienten, auch für Informations-Nachmittage (z.B. in Schulen) eignet er sich aufgrund seiner Taubheit hervorragend: ihn stören die lärmenden Kinder absolut nicht und die Kinder lernen, dass ein Hund auch mit Handicap lebens- und liebenswert ist.

Arbeiten als Co-Therapeut

Schlussgedanken:

Viele meiner Patienten haben nicht nur mein berufliches Leben, sondern meine Einstellung zum Leben nachhaltig geprägt.

Selten war es aber so eindrucksvoll und nachhaltig wie bei Oskar:
Die Dramatik zu Beginn seines Lebens, sein Wille und seine unerschöpfliche Fröhlichkeit trotz seines Handicaps machen ihn zu einem ganz besonderen, mittlerweile unentbehrlichen Begleiter.

Er dient nicht nur Tierliebhabern als Beispiel für ein lebenswertes Leben auch mit Handicap, seine Geschichte verleitet auch, parallelen zu Menschen zu ziehen, die es in unserer Gesellschaft nicht ganz so einfach haben.

Empfinden Sie für Ihren Schützling bitte **kein Mitleid**, **sondern** zeigen Sie in bestimmten Situationen **Verständnis**.

Wenn ich „mitleide", kann ich nicht helfen, da ich selbst in der Situation gefangen bin – ich leide mit!

Wenn ich Verständnis zeige, habe ich die Situation mit all ihrer Problematik erkannt, suche nach Möglichkeiten, sie so erträglich wie möglich zu gestalten und gebe ich dem Tier die Möglichkeit, sich selbst zu entfalten und Lösungswege zu finden.

Im Dezember 2009

**Besuch der Ahnen im Zoo –
auch hier ist Oskar immer gerne gesehen!**

Die ausführliche Beschreibung der Problematiken, die durch die angeborene Taubheit entstehen, sowie die Lösungsstrategien bis hin zur Ausbildung als vierbeiniger Co-Therapeut zeigen, dass auch Hunde mit Handicap ein Recht auf Leben haben

Durch den direkten Vergleich mit dem hörenden Hund wird dieses Buch auch für Besitzer von Hunden ohne Handicap interessant.

www.ingramcontent.com/pod-product-compliance
Lightning Source LLC
Chambersburg PA
CBHW070305230526
45470CB00002B/736